婺州举岩茶制作技艺

婺州举岩茶制作技艺

总主编 金兴盛

浙江摄影出版社

王兴奎 编著

总 序

中共浙江省省委书记
省人大常委会主任 夏宝龙

　　非物质文化遗产是人类历史文明的宝贵记忆，是民族精神文化的显著标识，也是人民群众非凡创造力的重要结晶。保护和传承好非物质文化遗产，对于建设中华民族共同的精神家园、继承和弘扬中华民族优秀传统文化、实现人类文明延续具有重要意义。

　　浙江作为华夏文明发祥地之一，人杰地灵，人文荟萃，创造了悠久璀璨的历史文化，既有珍贵的物质文化遗产，也有同样值得珍视的非物质文化遗产。她们博大精深，丰富多彩，形式多样，蔚为壮观，千百年来薪火相传，生生不息。这些非物质文化遗产是浙江源远流长的优秀历史文化的积淀，是浙江人民引以自豪的宝贵文化财富，彰显了浙江地域文化、精神内涵和道德传统，在中华优秀历史文明中熠熠生辉。

　　人民创造非物质文化遗产，非物质文化遗产属于人民。为传承我们的文化血脉，维护共有的精神家园，造福子孙后代，我们有责任进一步保护好、传承好、弘扬好非物质文化遗产。这不仅是一种文化自觉，是对人民文化创造者的尊重，更是我们必须担当和完成好的历史使命。对我省列入国家级非物质文化遗产保护名录的项目一项一册，编纂"浙江省非物质文化遗产代表作丛书"，就是履行保护传承使命的具体实践，功在当代，惠及后世，有利于群众了解过去，以史为鉴，对优秀传统文化更加自珍、自爱、自觉；有利于我们面向未来，砥砺勇气，以自强不息的精神，加快富民强省的步伐。

党的十七届六中全会指出，要建设优秀传统文化传承体系，维护民族文化基本元素，抓好非物质文化遗产保护传承，共同弘扬中华优秀传统文化，建设中华民族共有的精神家园。这为非物质文化遗产保护工作指明了方向。我们要按照"保护为主、抢救第一、合理利用、传承发展"的方针，继续推动浙江非物质文化遗产保护事业，与社会各方共同努力，传承好、弘扬好我省非物质文化遗产，为增强浙江文化软实力、推动浙江文化大发展大繁荣作出贡献！

（本序是夏宝龙同志任浙江省人民政府省长时所作）

前 言

浙江省文化厅厅长 金兴盛

国务院已先后公布了三批国家级非物质文化遗产名录,我省荣获"三连冠"。国家级非物质文化遗产项目,具有重要的历史、文化、科学价值,具有典型性和代表性,是我们民族文化的基因、民族智慧的象征、民族精神的结晶,是历史文化的活化石,也是人类文化创造力的历史见证和人类文化多样性的生动展现。

为了保护好我省这些珍贵的文化资源,充分展示其独特的魅力,激发全社会参与"非遗"保护的文化自觉,自2007年始,浙江省文化厅、浙江省财政厅联合组织编撰"浙江省非物质文化遗产代表作丛书"。这套以浙江的国家级非物质文化遗产名录项目为内容的大型丛书,为每个"国遗"项目单独设卷,进行生动而全面的介绍,分期分批编撰出版。这套丛书力求体现知识性、可读性和史料性,兼具学术性。通过这一形式,对我省"国遗"项目进行系统的整理和记录,进行普及和宣传;通过这套丛书,可以对我省入选"国遗"的项目有一个透彻的认识和全面的了解。做好优秀传统文化的宣传推广，为弘扬中华优秀传统文化贡献一份力量，这是我们编撰这套丛书的初衷。

地域的文化差异和历史发展进程中的文化变迁，造就了形形色色、别致多样的非物质文化遗产。譬如穿越时空的水乡社戏，流传不绝的绍剧，声声入情的畲族民歌，活灵活现的平阳木偶戏，奇雄慧黠的永康九狮图，淳朴天然的浦江麦秆剪贴，如玉温润的黄岩翻簧竹雕，情深意长的双林绫绢织造技艺，一唱三叹的四明南词，意境悠远的浙派古琴，唯美清扬的临海词调，轻舞飞扬的青田鱼灯，势如奔雷的余杭滚灯，风情浓郁的畲族三月三，岁月留痕的绍兴石桥营造技艺，等等，这些中华文化符号就在我们身边，可以感知，可以赞美，可以惊叹。这些令人叹为观止的丰厚的文化遗产，经历了漫长的岁月，承载着五千年的历史文明，逐渐沉淀成为中华民族的精神性格和气质中不可替代的文化传统，并且深深地融入中华民族的精神血脉之中，积淀并润泽着当代民众和子孙后代的精神家园。

岁月更迭，物换星移。非物质文化遗产的璀璨绚丽，并不意味着它们会永远存在下去。随着经济全球化趋势的加快，非物质文化遗产的生存环境不断受到威胁，许多非物质文化遗产已经斑驳和脆弱，假如这个传承链在某个环节中断，它们也将随风飘逝。尊重历史，珍爱先人的创造，保护好、继承好、弘扬好人民群众的天才创造，传承和发展祖国的优秀文化传统，在今天显得如此迫切，如此重要，如此有意义。

非物质文化遗产所蕴含着的特有的精神价值、思维方式和创造能力，以一种无形的方式承续着中华文化之魂。浙江共有国家级非物质文化遗产项目187项，成为我国非物质文化遗产体系中不可或缺的重要内容。第一批"国遗"44个项目已全部出书；此次编撰出版的第二批"国遗"85个项目，是对原有工作的一种延续，将于2014年初全部出版；我们已部署第三批"国遗"58个项目的编撰出版工作。这项堪称工程浩大的工作，是我省"非遗"保护事业不断向纵深推进的标识之一，也是我省全面推进"国遗"项目保护的重要举措。出版这套丛书，是延续浙江历史人文脉络、推进文化强省建设的需要，也是建设社会主义核心价值体系的需要。

在浙江省委、省政府的高度重视下，我省坚持依法保护和科学保护，长远规划、分步实施，点面结合、讲求实效。以国家级项目保护为重点，以濒危项目保护为优先，以代表性传承人保护为核心，以文化传承发展为目标，采取有力措施，使非物质文化遗产在全社会得到确认、尊重和弘扬。由政府主导的这项宏伟事业，特别需要社会各界的携手参与，尤其需要学术理论界的关心与指导，上下同心，各方协力，共同担负起保护"非遗"的崇高责任。我省"非遗"事业蓬勃开展，呈现出一派兴旺的景象。

　　"非遗"事业已十年。十年追梦，十年变化，我们从一点一滴做起，一步一个脚印地前行。我省在不断推进"非遗"保护的进程中，守护着历史的光辉。未来十年"非遗"前行路，我们将坚守历史和时代赋予我们的光荣而艰巨的使命，再坚持，再努力，为促进"两富"现代化浙江建设，建设文化强省，续写中华文明的灿烂篇章作出积极贡献！

2013年11月20日

目录

概述

婺州举岩茶源于秦汉，兴于唐宋，盛于明清。唐至五代时期位列十大茗品之一，沿袭至清朝道光年间一直为贡茶，追溯贡茶历史有一千余年，是中国贡茶历史最悠久的茶品之一。

概述

　　金华市位于浙江省中部，为省辖地级市。金华地处金衢盆地东段，为浙江丘陵盆地地区，地势南北高、中部低。"三面环山夹一川，盆地错落涵三江"，是金华地貌的基本特征。金华地处东经119°14′~120°46′30″，北纬28°32′~29°41′，东西跨度151千米，南北跨度129千米。金华江又名婺江，为钱塘江上游，自古为水上交通要道。"水通南国三千里，气压江城十四州"，著名女词人李清照的诗句生动概括了金华的重要位置和雄伟气势。

　　金华建制历史久远，金华市域春秋时属越国，秦、汉为乌伤县，秦入会稽郡。东汉时于乌伤县分出的西乡，新置一县，县名为长山县，隶属会稽郡。长山县，即金华县建制的开始，迄今已有约一千八百年的历史。

　　金华历史悠久，位于浦江县的上山遗址，是中国迄今发现年代最早的新石器时代遗迹之一。经北京大学文博学院的全新碳十四测试，上山遗址出土的大量夹碳陶片距今已有一万年左右的历史。

　　三国吴宝鼎元年（266年）置郡东阳，以郡在瀫水（即衢江）之东、长山之阳得名。南朝梁绍泰二年（556年）置缙州，陈天嘉三年

（562年）撤州，东阳郡改名金华郡，因《玉台新咏》序有"金星与婺女争华"之句，而北山又名金华山，故名金华，郡名金华自此始。隋开皇十三年（593年）改置婺州。大业三年（607年）复置东阳郡。唐武德四年（621年）改东阳郡置婺州，并于信安（新安）县分置衢州。唐天宝元年（742年）改婺州为东阳郡，乾元元年（758年）复为婺州，一直延续到宋、元。元至元三十年（1276年）改为婺州路，至正十八年（1358年）朱元璋攻取婺州路，改名宁越府，至正二十年（1360年）改为金华府。明成化八年（1472年）析遂昌、金华、兰溪、龙游县部分地置汤溪县，金华府领金华、兰溪、东阳、义乌、永康、武义、浦江、汤溪八县，故有"八婺"之称。2000年12月31日，国务院批准撤销金华县，并将其与原婺城区辖区作了调整，设立金东区。现金华市下辖婺城区、金东区二区及兰溪、义乌、东阳、永康四市和武义、浦江、磐安三县。

金华素有"小邹鲁"之称，这"小邹鲁"便是因在南宋时兴起的婺州学派而得名。这其中，以吕祖谦为代表的金华学派和以陈亮为代表的永康学派最为著名。金华学派以传播两宋程朱理学而遐迩闻名；永康学派则传播朴素唯物主义观点的功利思想，以抵制程朱理学的扩散。宋初，金华府学盛行，书院林立，主要有石洞书院、丽泽书院、山桥书院、五峰书院、月泉书院、八华书院、东明书院、崇正书院、龙川书院等。金华名人辈出，在文学、诗词、戏曲、书画等方面人才荟萃,代有名家。如唐代骆宾王为"初唐四杰"之一,张志和首创的渔歌体,更新了词坛风气,诗僧贯休的《十六罗汉图》为中国古画瑰宝;元代名医朱丹溪创立滋阴学说,名扬国内外;明代宋濂为文质朴,文学理论观点颇有影响,作品广为流传;清代戏曲家李渔戏曲理论造诣极深,被誉为"东方莎士比亚";近现代的陈望道、施复亮、曹聚仁、冯雪峰、邵飘萍、吴晗、艾青、黄宾虹、施光南、严济慈、朱惟精等都是世界级名人。金华历来为文化礼仪之邦,全市面积10941平方千米,总人口537万,有少数民族36个,其中人口最多的少数民族畲族,通行吴语金华话。金华历史悠久,人文积淀厚重,是国家级历史文化名城、全国卫生城市、十佳和谐城市、全国双拥模范城市、全国科技进步先进城市、全国最安全城市、中国优秀旅游城市、十佳宜游城市、中国十佳宜居城市,也有着"中国火腿之乡"、"中国花卉之乡"、"中国萤石之乡"、"中国药材之乡"、"中国香菇之乡"、"中国茶花之乡"、"中国苗木之乡"、"中国有机茶之乡"、"中华名茶之乡"等美称。

金华悠久而深厚的茶文化,是国家历史文化名城的重要组成部分,尤其是千年贡茶——婺州举岩茶文化和与之相衬相托的婺州窑、黄大仙观、涌泉古井、安期故里、鹿田书院、举岩石等历史遗迹,婺州街、婺州公园、古子城、婺州老茶馆、茶山村、茶坑尖等路名、地名、店名、村名、山名,无不展示和诉说着这座城市的历史和今天。

一千五百余年前金华茶的传说，38万亩金华茶园，218家茶厂，不计其数的茶馆和茶客，孕育了一代又一代的制茶技师，形成了金华这一传统的茶产业，从而有了世代相传的婺州举岩茶制作技艺。今日的金华，茶馆林立，茶店纷呈，茶市盛兴，茶园翠绿，茶厂闻名，茶文化传播蔚然成风，成为一道亮丽的风景线。

[壹]婺州举岩茶历史渊源

婺州举岩茶产自金华山（北山）双龙洞顶鹿田村附近。金华市旧为婺州治，金华北山一带，峰石奇异，巨岩耸立，岩石犹如仙人所举，因而此处所产之茶名曰"举岩茶"，也叫"金华举岩"，因其汤色

举岩石

如碧乳，古时称婺州碧乳茶。

　　婺州举岩茶源于秦汉，兴于唐宋，盛于明清。唐至五代时期位列十大茗品之一，沿袭至清朝道光年间一直为贡茶，追溯贡茶历史有一千余年，是中国贡茶历史最悠久的茶品之一。唐宋至明清时期，记载婺州举岩茶的专著就达数十部之多。

　　五代十国时期后蜀明德二年（935年）毛文锡所著《茶谱》载："婺州有举岩茶，斤片方细，所出虽少，味极甘芳，煎如碧乳也。"

　　宋代吴淑在《茶赋》（《事类赋卷十七》）中，不仅描述了当时举岩茶的品质，而且描述了它的保健功效。赋曰："夫其涤烦疗渴，

　　湖州长兴县啄木岭金沙泉[9]，即每岁造茶之所也。湖、常二郡接界於此。厥土有境会亭。每茶节，二牧皆至焉。斯泉也，处沙之中，居常无水。将造茶，太守具仪注拜敕祭泉，顷之，发源，其夕清溢。造供御毕，水即微减，供堂者毕，水已半之。太守造毕，即涸矣。太守或还，旆稽期，则示风雷之变，或见鸷兽、毒蛇、木魅焉。《事类赋注》卷一七

　　顾渚紫笋《全芳备祖後集》卷二八按：《嘉泰吴兴志》卷二〇引毛文锡《记》，述金沙泉事，较前条稍简，殆即据《茶谱》。"顷之"句，作"顷之，泉源发渚溢"。

　　杭州临安、於潜二县生天目山者，与舒州同。《太平寰宇记》卷九三

　　睦州之鸠坑极妙[10]。《事类赋注》卷一七，"睦"原作"穆"，据《全芳备祖後集》卷二八改按：《太平寰宇记》卷九五称睦州贡鸠坑团茶。

　　婺州[11]有举岩茶②，斤片方细，所出虽少，味极甘芳，煎如碧乳也。《事类赋注》卷一七。《续茶经》卷下之四引《潜确类书》引《茶谱》，"斤片"作"片片"，"煎如碧乳也"作"煎之如碧玉之乳也"

　　福州[12]柏岩极佳。《事类赋注》卷一七

　　〔福州〕腊面。《宣和北苑贡茶录》

　　福州：方山露芽。《全芳备祖後集》卷二八按：《太平寰宇记》卷一〇一引《茶经》云："建州方山[13]之芽及紫笋，片大极硬，须汤浸之，方可碾。极治头疾，江东[14]人多味之。"按方山在闽侯县，不属建州。又《茶经》中无此段，疑出自《茶谱》。

　　建州北苑先春龙焙[15]……宋吉州[16]顾渚紫

五代十国时期毛文锡所著的《茶谱》有关于婺州举岩茶的记载

换骨轻身，茶荈之利，其功若神，则渠江薄片，西山白露，云重绿脚，香浮碧乳……"

明朝万历六年的《金华府志》卷之七《贡赋》载："进新茶芽二十二斤。"在《中国地方志集成》中《康熙金华府志·道光婺志粹》卷之七《贡赋》载："明岁进新茶芽二十二斤。"

宋代吴淑在《茶赋》中描述了举岩茶的品质和保健功效

明代田艺蘅《煮泉小品》中记载："余尝清秋泊钓台下，取囊中武夷、金华二茶试之，固一水也，武夷则芨而燥冽，金华则碧而清香，乃知择水当择茶也。"说明同用富春江七里泷的水泡茶，婺州举岩茶的品质超过久已闻名的武夷茶。

　　明代医学家李时珍的《本草纲目》写道："昔贤所称，大约谓唐人尚茶，茶品益众。有雅州之蒙顶……金华之举岩，会稽之日铸，皆产茶有名者。"

　　明代方以智著《通雅》载："婺州之举岩碧乳……此唐宋时产茶地及名也。"

　　明代正德年间，兵部尚书潘希曾在游金华山时题写了《北山茶》（类在《续金华丛书》中）诗一首："春来遥忆北山茶，青碧丹崖傍我家。采露撷烟空梦寐，沿河溯济自年华。求闲会了三生愿，知足何须

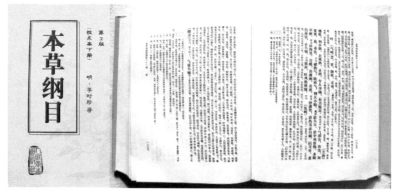

明代李时珍著《本草纲目》记载："昔贤所称，大约谓唐人尚茶，茶品益众。……金华之举岩，会稽之日铸，皆产茶有名者。"

七碗加。燕语莺啼春送尽，又看光景到萱花。"

明代屠本畯著《茗笈二卷》载："浙东以越州上，明州婺州次……得之其味极佳……金华、日铸皆与武夷相伯仲。"

明代张谦德著《茶经》载："婺州之举岩……其名皆著。品第之，则虎丘最上。"

明代黄一正著《事物绀珠》载："举岩茶出婺州，斤片方细，味极甘芳，煎如碧乳。"

明代詹景凤著《明辨类函》载："登高览胜，闲居幽思，一切以茶佐之，所饮四方名茶：江南则苏州之虎丘、绍兴之剡溪、金华之洞山……"

明代顾元庆著《茶谱》载："婺之举岩，丫山之阳坡……其名皆著品。"

明代许次纾著《茶疏》载："东阳之金华，绍兴之日铸，皆与武夷相为伯仲然。"

明代李日华著《紫桃轩杂缀》载："金华仙洞与闽中武夷俱良材，而厄于焙的。"

明代钱椿年著《茶谱》载："茶之产于天下多矣……常之阳羡，婺之举岩，丫山之阳坡，龙安之骑火，黔阳之都濡高株，泸川之纳溪梅岭之数者，其名皆著。"

清代刘源长撰《茶史二卷补一卷》载："婺州举岩茶片片方细，

所出虽少，味极甘芳，烹之如碧玉之乳，故又名碧乳。"

现代陈宗懋主编的《中国茶经》、施海根主编的《中国名茶图谱》、阮浩耕主编的《中国名茶品鉴》、吴觉农主编的《中国地方志·茶叶历史资料选辑》、陈椽编著的《茶业通史》、朱自振编著的《中国茶叶历史资料续辑》都对婺州举岩茶作了详细记载。

婺州举岩茶曾经历一段变革演化过程。在宋、元年间，用蒸青方法制成团茶、饼茶；明代改蒸青为炒青，制成散茶；清道光年间仍有叶茶、芽茶进贡。历史变迁，婺州举岩茶的制作技艺在清末濒临失传。20世纪70年代，金华地、县有关部门和科研人员根据历史记载，对举岩茶制作工艺进行挖掘，并以采制名优绿茶的要求，精心培植、采制，终于使这一古老名茶开始恢复生产。婺州举岩茶于1979年至1981年连续三年被评为"浙江名茶"。1981年全国供销系统名茶评比会上，举岩、龙井、紫笋、莫干黄芽同被评为"浙江省四大名茶"。2008年6月，婺州举岩和西湖龙井作为绿茶传统制作技艺经国务院批准列入第二批国家级"非物质文化遗产"名录。

[贰]婺州举岩茶传说

举岩古茶树的传说

婺州举岩茶最早的古茶树数量不多，而且大都生长在岩石边和岩石缝隙间，这是为什么呢？据说其中有个美丽的传说。

相传在很早很早以前，凡界是没有茶树的，茶树原是天上的仙物，茶籽属仙界的仙果。有一次，天上的玉皇大帝邀请各路神仙到灵霄宝殿品仙茶、尝仙果，让金童、玉女端盘子。这金童和玉女年轻好动，一路嬉闹，没到灵霄殿上，便将手中的一盘茶籽仙果打翻了。圆溜溜的茶籽仙果直向凡界撒落下去。这可怎么了得？仙界之物，流落凡尘，有违天条，按律当斩。金童和玉女的脸都吓青了。

玉帝听说此事，果然勃然大怒，立即下令把金童、玉女都给绑了。众仙上前求情，玉帝才让人将金童、玉女松绑，但要他俩即刻下到凡界，如数找回失落的茶籽仙果，否则死罪难免。这时，慈悲为怀的观音赶紧走出殿门，用仙帚拨开云雾，朝下望去，发现那些茶籽掉落在一片岩石缝间和灌木丛中。于是她转身回殿，奏请玉帝道："玉帝息怒，小仙看那仙果散落在岩石缝间和岩边灌木丛中，怕是无法如数找回了。以小仙之见，不如罚他俩下凡浇灌茶籽，种出茶树，待来年茶树结出茶籽，加倍收回，将功抵过。"

玉帝平时生活由金童、玉女服侍，对他们多有疼爱，现在又听观音说得有理，就顺水推舟道："难得观音有此菩萨心肠，好吧！就依你之见。不过，还得有劳你随同下凡，监督他们种茶才是。"

观音听后，正中下怀。原来，观音每每立于云端，望见凡人因缺乏植物油而宰杀猪羊生灵时，就于心不忍；望见凡人解渴只有清水，淡而无味，又于心不安。因此心中早有下凡种茶、造福人间之意。现在玉帝命她随同下凡，她立即应声："遵命！"就带着金童、玉

女,驾起祥云,向着茶籽仙果掉落的地方飞降而下。不一会,他们就降落在一处高高的山上了,这山,正是婺州的金华山。

到达目的地后,观音一挥仙帚,先把金童、玉女变成一对男女山民,然后自己也摇身一变,变成一个白发老婆婆。接着,他们就一起动手砍毛竹,割茅草,很快搭起几间草房。外人看去,他们真像是一家子。

第二天,观音见一切安顿就绪,就让金童、玉女各挑水桶,到附近的山塘(如今的鹿田水库)中去挑水,她自己则用木勺舀起一瓢瓢水,往那岩石边和岩石缝隙中浇灌。居住在邻近的山民砍柴路经此地,见他们如此举动,很是奇怪,就有人问道:"老婆婆,你们往白花花的大石块和石块缝里浇水,这是为何?"

观音答道:"种树呢。"

"种树?怎不见树啊?"

观音笑了笑说:"过几天就能看见树啦。"

那人不信,摇摇头,走了。

过了几天,又有路人见他们在浇水忙碌,就问:"老婆婆,你们这是干什么?"

观音答道:"浇树呢。"

路人又问:"浇树?树在哪啊?"

观音指点道:"喏!这儿,那儿,还有那儿,那儿……"

金童、玉女各挑水桶，到附近的山塘（如今的鹿田水库）中去挑水

路人费了好大的劲，终于在一些岩石边和岩石缝隙间看见有一些嫩绿的小树苗，就又问："老婆婆，这些是什么树呀？"

"茶树，"观音答道，"树上的叶子叫茶叶，摘来茶叶用烫水煮沸后喝下，既清香解渴，又提神明目，益处良多。入秋后，茶树会结籽，茶籽又可挤榨成油，替代生灵之肉而食，善哉。"

路人还是怀疑地摇摇头，走了。

不久，一棵棵茶树长到半人高了，枝条上长出嫩绿沁香的芽叶，观音和金童、玉女将芽叶一片片采摘下来，放进一口大锅里，下面烧着温火焙烤。他们用手将茶叶翻动搓揉一番，然后将卷起的茶叶起锅，揉成团，做成饼，晾在用竹柳编织的筛席上风干、保存。

这件事很快引得邻近许多山民过来看个究竟。观音就趁机将一撮撮新制的茶叶放进茶壶里，然后用沸滚之水煮开，让金童和玉女分端给乡亲们品尝。乡亲们张嘴一喝，都觉得清香扑鼻，味极甘芳，舒爽无比。自此，但凡有砍柴山民路经此地，观音就吩咐金童、玉女送上一碗茶水。就这样，人们口口相传，使得更多的人知晓世间竟有茶叶一物。

到了秋冬，茶树上果然结满了圆溜溜的茶籽果。观音与金童、玉女又将一颗颗茶籽采下来，剥去果壳，把里面的果肉放进一个特制的木筒里，再让金童、玉女合力用一段木桩往木筒里使劲撞击。受到猛烈挤压的果肉碾碎后流出的油水，沿着木筒缝隙滴落在下面的木盘里。邻近的山民们听说此事后又赶过来看热闹，观音用新榨的茶油煮了锅野菜，让金童、玉女分端给大家尝鲜。大家吃过后，都觉得清香可口，食而不腻，鲜味无穷。

转眼冬去春来。

有一天，山民们突然发现那片茶树旁的几间草房不知怎地不翼而飞了，那位慈祥的老婆婆与那对漂亮的青年男女也无影无踪了。原来，观音和金童、玉女带上一袋茶籽果，回天庭复命去了。这时，茶树的枝条上又长满了翠绿的叶芽，山民们就照着先前"老婆婆"一家的样子，采茶、制茶，到秋冬里又照着样子摘茶籽、榨茶油，从此过上了幸福的日子。

后来，有一位道人发现这些茶树大都生长在岩边和岩石缝间，而此地岩石遍生，且形态奇异，犹如仙人所举，就把这儿出产的茶叶取名"举岩茶"。再后来的后来，明太祖朱元璋见此茶得天地灵气之孕育，沾满仙气，品之清醇甘芳，味浓香久，且能明目解热，便将它钦点为贡茶。

安期生抛杖栽茶树

秦朝的时候，有个叫安期生的得道高人，他喜欢云游四海，评品香茗，抽空还给寻常百姓把脉看病。也不知他葫芦里装的是什么药，无论遇到什么疑难杂症，经他的手，必定药到病除。更奇怪的是，这个安期生被人称为"千岁老人"，谁也不知道他的实际年龄。

他胡子雪白，却精神矍铄，鹤发童颜，而有幸让他治过病的人，也大多能活过百岁。

这个安期生有如此大的本事，他肯定是吃了什么仙药了，要不然，哪里会有这样的神通？这样的说法在老百姓中传开了，这传来传去的就越传越神奇，传到后来，人们干脆断定他知道通往仙山的路，他那宝葫芦里装的就是从仙山采来的神药。

这事一嚷嚷开来，结果皇帝坐不住了。这个皇帝是谁？就是统一六国的嬴政，也就是秦始皇。秦始皇立国之后，吃的是山珍海味，穿的是绫罗绸缎，后宫美女如云，这样的人间富贵，到时候他皇帝老子两脚一蹬驾鹤西去，就真正连眼睛都闭不上了。于是他请来了不少方家术士，为他制作长生不老之药。可闹腾来闹腾去，这国库金银耗去不少，可就是炼不出什么长生药来。这猛然间出了个安期生这样的神人，他兴奋得三天三夜睡不着觉，立马派人把这位神人请来为他效力。

哪晓得，这个安期生脑袋一根筋硬是转不过弯。他来倒是很爽快地来了，但是有他的目的。安期生的老恩师叫河上丈人，系黄老之学一脉。这个黄帝和老子是道家鼻祖，学说博大精深，安期生这次来是想对秦始皇灌输他的黄老之学，希望他这个高高在上的皇帝广施仁政，不要倒行逆施，荼毒百姓。于是他耐着性子，与秦始皇一起品着香茗，聊着天，讲起了治国修道的大道理来。秦始皇哪里喜欢听这个，安期生讲得天花乱坠，唾沫星子乱飞的时候，他老人家却打起了哈欠。秦始皇就拍了拍手，里面走出几个侍女，双手捧着托盘，里面装着金子、碧玉。

秦始皇命她们把这些东西往安期生跟前一放，说："安先生辛苦了，早些歇着吧，这些东西是我给你的见面礼。明儿我还盼你为我制作长生不老之药呢。"说罢就站起身来歇息去了。安期生愣在那儿半天回不过神来，他明白这会儿对秦始皇算是对牛弹琴了，罢罢罢，这样的无道昏君也是坐不了几天江山的，还是省省这份心吧。想到这里，他就给嬴政写了一封书信，往那些金子碧玉上一放，背起葫芦，骑着白鹿，头也不回地飘然而去。

安期生到哪里去了呢？他云游天下，行踪不定，可一时半会还真的找不到合适的地方。有一天，他来到浙江地界，到了金华北山。说来也奇怪，他的这头白鹿就不肯往前走了，只见它兴奋地在山坡上活蹦乱跳，撒开腿儿兜起圈子来。安期生定睛一看，只见青山叠翠，碧岫堆云，鸟语花香，泉水叮咚。安期生不由地朗声大笑："哈哈哈，好一座秀丽的仙山！"安期生心中十分欢喜，就从白鹿背上跳了下来。他看到一泓清泉，就掬起泉水往嘴里送，只觉这水凉爽甘甜，喝到肚里，有一种荡气回肠之感。他又纵身跳上白鹿背，在这山上山下团团地兜了个圈子，心中不由得感到有些失望："可惜了，这样的仙山福地，空有一泓好水，却没有一棵茶树。罢罢罢，看来这种茶树的事儿得老夫我亲自动手了。"说完，他把手中的一根龙头拐杖往山崖上抛去，只见那拐杖在空中打了几个跟斗，牢牢地插入崖顶的一条岩石缝中。奇怪的是，只一会儿工夫，那拐杖上便长起青枝绿叶来，变成了一棵枝繁叶茂的茶树。

从这之后，安期生就在这儿隐居下来，自得其乐地采茶煮泉，品茗修行。他这棵茶树根入石髓，采天地之灵气，聚日月之精华。每到清明后谷雨前，安期生就攀上山崖去采摘茶叶。另外，他还经常下山去布德施善，治病救人，这日子过得倒也逍遥自在。

有一天傍晚，这山上来了个年轻后生。他说家里母亲病重，特地跑了几十里地来请安期生前去看病。安期生二话不说，背起葫芦跟他下山。走了很多路，安期生跟着那后生来到一户大户人家。年轻人把安期生请进屋去，说了声："请仙师跟我来。"就转入屏风到后堂去了。到了后堂，那年轻人又说："家母在里屋等着。"安期生跟着他又过了两三道门，这时才出来两个小丫环，对安期生说："仙师，请在这儿稍等一下，我去禀告老太太。"安期生只得等在那儿，可是大半天却不见一个人出来。他回头看时，那个年轻后生不知到哪儿去了。安期生正疑虑时，却发现房门紧闭，用手推时，才发现那门早已被一把铁锁锁住了，只听得门外传来阵阵杂乱的脚步之声。又过一会儿，只听一个公鸭嗓门似的声音叫道："安期生，我是婺州县的县令。你给我听着，不是我要找你麻烦，而是皇上命我前来捉拿你。"

说完，他把手中的一根龙头拐杖往山崖上抛去，只见那拐杖在空中打了几个跟斗，牢牢地插入崖顶的一条岩石缝中

皇上？安期生明白了，这一定是秦始皇发现了他的行踪，找他麻烦来了。原来那天晚上，秦始皇赏赐了安期生不少金子、碧玉，满以为他会高高兴兴地为他制作长生不老之药。哪知道，他第二天醒来一看，安期生早已走了。当秦始皇发现他留下的书信时，当即展开细读，只看到最后一句写道："请千年后访我于蓬莱。"秦始皇一看，那个气呀！我能活过一千年，还用得着找你吗？于是他就派徐福带人前去寻找，没想到徐福这人是个头脑聪明、胆大心细的骗子，他一路顺蓬莱找去，最后跑到东瀛再也不肯回来。哪料想安期生跑到金华山来了，秦始皇得知安期生的去处，就命当地县令前去捉拿，那个后生正是县令派去的。

　　县令见安期生被三四道大门锁住，料他有天大的本事也逃不出去，就说："安期生，你还是乖乖地跟我走吧。皇上说，只要你替他制好了长生不老之药，他不但不杀你，还要赏给你一辈子享不完的荣华富贵。"安期生朗声问道："我如果不答应呢？""哼，不答应，那明年的今日正是你的祭日。""哈哈哈哈……"安期生朗声笑道，"那只好请便了。"那县令早已料定安期生不会答应，有心替秦始皇出这口恶气，所以早把那些柴草等引火之物准备好了。他一声令下，那火就点着了。霎那间，熊熊的火焰蹿起，把半个天都红遍了。不一会儿，烈火中传出了清脆悦耳的音乐声，安期生用手击拍着葫芦，用那粗犷的声音吟唱着，那正是他老恩师河上丈人传授给他的老子施德布道的道情曲子。忽然，只见一条黑影在空中划出一条弧线，箭一般地蹿入火海。不一会儿，那黑影又从火海中腾空跃起。县令定睛一看，正是安期生的坐骑白鹿。只见安期生坐在白鹿背上，手拿拂尘，说一声："老夫去也。"便不见了踪影。

安期生骑着白鹿走了，他感到这婺州地界是不能待了，只好到别处安身。再说安期生在悬崖上栽下的那棵茶树，秦始皇知道那是人家修道养气用的，就命人架了云梯去摘。可是采摘了茶叶，经过蒸、捣、拍、焙、穿、封几道工序，制成茶饼给秦始皇送去的时候，没想到秦始皇已在一次巡游途中患病而亡。

秦始皇也许是命当如此，他这个无道暴君，最终还是无福消受

安期生故里

这样的人间极品。看来安期生种下的茶树是有灵性的，多少有些刚直不阿的秉性。

黄大仙叱木成茶

话说早年，金华北山双龙洞顶有一个只有十几户人家的小山村。村边有一片生长在岩边和岩石缝间的古茶树，古茶树上长出的茶叶虽然不多，但是声名远播，卖价很好。此茶，便是史料记载的婺州举岩茶。小山村的人们祖祖辈辈守着这片古茶树，辛勤育茶、采茶、制茶，过着安居乐业的日子。到了明朝洪武年间，婺州举岩茶更是深受朝廷重视，但茶农们的日子反倒开始难过起来了。为什么呢？因为举岩茶身价百倍，使得邻近的一个大财主垂涎欲滴，起了贪心，千方百计想要霸占这片古茶树。

这个大财主靠打杀、强抢起家，家财万贯，家丁上百，平日里勾结官府，专横跋扈，为所欲为。他先是让家丁到茶农中强行发放高利贷，如果茶农到时还不起，便以茶树作价相抵。后又买通衙门，让衙门派人到茶农中传话，说是朝廷增加了茶树种植税、茶叶买卖税，茶农如不按期交足种种赋税，古茶树将由衙门查封再转卖。茶农们明白这些事都是那个可恶的财主所为，但这里天高皇帝远，无处打探赋税虚实。茶农被迫受高利贷盘剥也状告无门，只好忍气吞声，家家变卖家产，还清高利贷，交足茶叶税，才保住了他们世代视为命根子的古茶树。

这年春上,茶农们又遇上了一个大难。

这天,天刚蒙蒙亮,小山村里许多人还没起床,就听得村边人声嘈杂,起来一看,发现村庄已经被上百个蒙面强盗团团围住了。强盗手中白晃晃的大刀闪着阴森森的寒光,吓得大人不敢出门,小孩不敢出声。这帮强盗明火执仗地在小村四周来回走动,可奇怪的是他们既不进村劫财,也不入舍劫色,只是不许外人进村,也不准村里人出村。强盗们就这么围着小村,从清早到天黑,围了整整一天,最后,才在一声唿哨声中扬长而去。

蒙面强盗离去后,纯朴善良的茶农们还不知强盗如此折腾是为了什么,就连村里年岁最长、见识最广的族长四爷,手捋长须寻思了半天,也说不准强盗们究竟意图何在。直到第二天一早,府衙的官差转送来一封朝廷公文,要求上贡婺州举岩茶,四爷这才猛拍后脑勺,失声喊道:"不好!是茶叶,定是茶叶被抢了!"听四爷这么一喊,大家的头脑中都"嗡"地响了一下,即刻向着古茶树疯跑过去。到了一看,人人都惊呆了,只见整片茶树被糟蹋得一塌糊涂。妇女们禁不住哭天喊地起来:"天啊!这可如何是好?"

是啊,这可如何是好?四爷听着乡亲们揪心的哭喊,心里也是万分焦急。这时,四爷又记起刚才那官差撂下的一句话:"限五日内,将茶叶送达府衙。"心想,这春上的芽茶一年才一茬,现在让人抢了,别说五日,就是五个月、十个月也拿不出来啊!可是,说拿不出

来就没事了吗? 这举岩茶是皇家贡茶,专供皇帝吃的,不交贡茶等于抗旨不遵,弄不好是要抄家灭族的啊! 四爷越想越后怕,可又想不出别的办法,只好把村人招呼到身边,含着老泪说:"各家各户听着,官家限五日内上交贡茶,交不出贡茶就是犯了欺君之罪啊。大家还是赶紧回家收拾收拾,趁早投亲靠友,逃命去吧!"听四爷这么说了,大家也只好各自回家收拾东西,准备外出避难。

等村人全部离去,四爷解下身上的裤腰带,在一棵大树的枝丫上结了一个绳扣,然后"唉——"地长叹一声,把头伸进绳扣,准备了却此生。当他刚踢翻脚下的垫石,不想裤腰带突然断了。等他起身接好裤腰带,再把头伸进去,谁知那裤腰带又断了。四爷正暗自埋怨裤腰带为何如此不牢,忽听身后有人问话:"老人家,为何非要寻此短见?"四爷回头一看,是位仙风道骨的道士。四爷知道是这位道士不让自己去死,就又"唉"地叹了一声,说:"道长有所不知,老夫保不住茶叶,又救不了乡亲,我这个族长还有何脸面活在世上啊!"接着便把蒙面强盗围村、春茶不翼而飞、官家逼交贡茶,村人大祸临头等事情一五一十地说了出来。谁知,道士听后却哈哈笑道:"别急,别急! 老人家只管招呼村人到对面山冈上采茶便是。"四爷说:"道长别拿人开心了,那山冈上长满灌木,哪有茶叶可采啊!"道士再不出声,只闭眼念咒施术。说来奇怪,山冈上霎时响起一阵"哗啦啦"的声音,响声中,那些参差不齐的灌木好像千千万万列队的士

四爷说："道长别拿人开心了,那山冈上长满灌木,哪有茶叶可采啊!"道士再不出声,只闭眼念咒施术

兵，自行调整起队形，最后排成了一畦畦，一垄垄。这时，道士睁眼一挥仙帚，叱声："灌木，变茶！"那些灌木顿时变成了一丛丛青绿的茶树，树枝上长满了翠嫩的叶芽。

四爷如梦初醒，使劲揉了揉自己的眼睛，才确信是茶树无疑。四爷高兴得像个孩子似的跑回家中，取出一面铜锣，边敲边喊："采茶啰！采茶啰！"正要拖儿带女、外出躲避的茶农们听到四爷鸣锣采茶的喊声，都赶上山来观看，结果无不喜笑颜开。于是，全村男女老幼即刻忙碌起来，他们日间采茶，夜间制茶，终于在五日内将贡茶如数交到了府衙。

如今，婺州举岩茶已成了金华北山双龙景区一道独特的风景。据说当年茶农们在这儿遇到的那位道士，就是道教传说中的著名仙人黄大仙。

双龙雨露举岩茶

婺州举岩茶外形蟠曲虬结，茸毫依稀可见，色泽银翠交辉，香气清香持久，汤色嫩绿清亮，茶味醇厚甘冽，被列为皇宫贡茶。婺州举岩之所以享誉千年，堪称茶中佳茗，与它的产地金华北山独特的生态条件直接有关。因为那里群山起伏，树木葱茏，云雾茫茫，海拔高达600至1200米，昼夜温差大，年降水量1400毫米左右，无霜期达250多天，并有"云暗雨来疑是夜，山深寒在不知春"的特殊气候，极利茶树生长。传说造成这种神奇气候的是北山双龙洞里的黄龙和青龙,民间有"双龙雨露举岩茶"的故事。

黄龙和青龙本是黄海龙王和东海龙王的后代,小时候它们跟随老龙王飞来北山游玩,看到这里风景秀丽,又见双龙洞内有泉水,有瀑布,冬暖夏凉,便流连忘返,留了下来。后来它们渐渐长大,嫌弃洞内的天地太小,向往起山外的婺江之水,于是双双飞下北山。黄龙占据义乌江,青龙栖身武义江,但经常在一起嬉戏耍玩,于是便日久生情,结成百年之好。

第二年,黄龙和青龙生下一条小白龙,小白龙在黄龙和青龙的百般宠爱下很快成长。长大后的小白龙虽然生活无忧,却为没有自己的地盘而心生怨气,终于有一天它按捺不住,发出怒吼,在半空中吞云吐雾,兴风作浪。顿时,婺城上空乌云翻滚,电闪雷鸣,倾盆大雨下个不停,致使婺江浪潮汹涌,冲垮江堤,庄稼被淹,房屋倒塌。黄龙和青龙见此竟然置之不理,任由小白龙发泄,结果震惊天庭,玉帝速派观音娘娘下凡,拯救人间苦难。

观音扮成一白衣女子来到婺城,左看右看,伸手一划,立时划出一条河道来,然后威严地问小白龙:"闹够了没有?还不快快进去?"任性的小白龙本想不从,但见这白衣女子气度不凡,功力深厚无比,自知不是对手,又见这条新开的河道碧波荡漾,美不胜收,立即乖乖地跳了进去。这河道就是现今横贯金华婺城五百滩上的龙渎河,古时叫龙犊河。

白衣女子又转身责问黄龙、青龙："你们养子不教，该当何罪？"黄龙和青龙自知理亏，立即齐声应道："我们知罪，全凭大仙发落。"白衣女子说："发落有两处，一去天庭受审，二可交由黄海、东海龙王管束。"黄龙、青龙一听急了，这两处都是它们最不愿去的，于是连忙给白衣女子下跪求饶："大仙慈悲，可否还有第三去处？"白衣女子想了想道："要不，仍回双龙洞，不过不能安逸洞内山水，该去洞顶之上施降甘霖，造福百姓。否则，难以恕罪！"黄龙、青龙连连点头称是，即刻飞回北山去了。

白衣女子说的"洞顶之上"，即指金华北山鹿田村一带。原来，早年这里的百姓主要以种茶为业，山上岩石遍生，形态奇异，如仙人所举，岩边石缝间到处长满古茶树，人们称此为举岩茶。但是这里地势高，水分少，老天爷下的几场雨还不够让满山白花花的岩石吸收。因为干旱，茶芽就长不多，长不饱满，茶农们纵然拥有天然茶园，还是因产量太少而过着艰难的日子。

可是，黄龙和青龙来到这里倒是十分开心，它们昂起龙头，往四面山下一看，整个婺州大地尽收眼底。心想这儿的天地别说比双龙洞内大得多，就是比山下的婺江也大得多了去了，而且此地干旱，正是自己施展本领、显耀神功的用武之地呢！黄龙、青龙想到这些，禁不住欢喜得满地翻滚，甩开龙头龙尾尽情地相互嬉闹起来。这一闹，闹得地陷下去，身下出现了一个方圆几里的大坑，它们索性大张龙口,又相互喷吐起水来,不到半个时辰,龙嘴卜两根粗粗的水柱就将大坑灌得变成一座高山湖泊(即现今的鹿田水库)。然后,黄龙和青龙在湖里美美地洗起澡来,接着又摇头甩尾玩起了水仗,直搅得湖水哗哗四溅,飞溅的湖水洒得满山湿淋淋的,好似下了一场透雨,那些因干旱发蔫的茶树茶叶好像一下子精神起来、嫩绿起来。黄龙和青龙十分得意,越闹越欢,直闹到太阳落山了,才双双游回双龙洞内歇息。

第二天,黄龙和青龙醒来,游出洞口,已是日照当午,火辣辣的阳光射得它们睁不开眼。黄龙和青龙一会儿就觉得浑身闷热,便想着去洞顶的湖中洗个露天澡。可是当它们飞到湖边一看,不由愣住了,昨天那满满的一湖清水此时只剩湖底一滩浑浊的泥水了。原来是茶农们一早起来,掘开湖岸,把水引去抗旱了,还有些茶农正可怜地提桶端盆,舀那湖底浑水往茶树根部浇灌呢。而此时,太阳还在一个劲地加温,照射得地上嗞嗞直冒热气。黄龙和青龙见此情景不禁勃然大怒,仰头冲太阳大声咆哮了几声,就呼地飞向天去,在半空中大口大口地喷云吐雾起来。霎时间,北山上空乌云翻滚,大雨倾盆。茶农们放下手中提水的木桶木盆,欢呼跳跃,拍手称快。黄龙、青龙见此开心极了。

此后,黄龙和青龙就每天飞到半空翻云覆雨,一连闹腾了七七四十九天,北山一带连着降了七七四十九天的大雨。这天,老

黄龙和青龙见此情景不禁勃然大怒，仰头冲太阳大声咆哮了几声，就呼地飞向天去，在半空中大口大口地喷云吐雾起来

天爷也好像记起长久没给北山下雨了，就命雷公电母随雨神前往降雨。黄龙和青龙看见天上电闪雷鸣，大雨倾泻，怕被谁抢去功劳似的，赶紧又飞到半空中，更加用劲地闹腾起来。闹了一会，它俩得意地往底下看去，谁知地上没有一人欢呼雀跃，有的只是人人捶胸顿足、叫苦不迭的情景。黄龙和青龙正在纳闷，忽见地面射来一道白光，然后就觉得脑门上挨了一记闷棍，接着又听到一声怒喝："黄龙、青龙，还不快快下来！"黄龙、青龙循声望去，只见山顶上站着一位白衣女子，正是婺江上见过的那位白衣大仙。黄龙、青龙不敢怠慢，即刻飞落到白衣女子身边。白衣女子责问道："你俩知罪否？"

黄龙和青龙觉得委屈，申辩说："大仙，我们按照您的吩咐，每天施降甘霖，从未偷懒啊！"

白衣女子听后哭笑不得，说："久旱逢雨，那雨水方为甘霖。"说着拔起身边一棵茶树，说："看看，树根已泡得霉烂，如此下去，莫说茶树死光，甚至会引发山洪，使生灵涂炭啦！"见双龙无话了，白衣女子接着又说："有道是：阳光雨露，万物生长。你俩可要切记！"双龙齐声应道："谨记大仙教导！"

从此，北山举岩茶园一带就有了阳光雨露的和谐气候，经常出现高空阳光灿烂，山中云雾翻腾，低空细雨濛濛的特殊景象，十分利于茶树的生长发芽。

黄大仙与"举眼茶"的传说

传说汉朝时期，丹溪（今金华兰溪）有一户姓黄的穷苦人家，这家有两个儿子，大儿子叫黄初起，小儿子叫黄初平。初平八岁的时候就开始在家放羊，他尊老爱幼，勤奋好学，乡亲们都称赞他为"圣贤"。

初平十五岁的那年，有一天他在金华山放羊，突然一只小羊失足受伤，他立即抱起小羊，精心为小羊疗伤，小羊依偎着他，眼角含泪。黄初平看看小羊，想到小羊长大以后，免不了被屠宰的命运，觉得很可怜，不禁动了恻隐之心，十分烦忧。这时恰好有一位道人经过，问初平为何如此的烦忧，初平就将原因道明。道士问："那你希望小羊怎么样呢？"初平回答说希望小羊能够长生不死，道士说："这很简单。"说完就施展法力把羊群化成了一片白石。初平看着一大片白石，很是惊奇，就恳求道士收他为徒。

道士见他很有慧根，态度又很诚恳，便将初平领进金华古洞，参悟道法玄机。黄初平在古洞内修行无以为食，道士便指点他说："这山是战国时期上清八大真仙之一安期生的修炼之处，山内多有野生茯苓可以为食。而且此山有古茶树，乃当年仙人安期生以茶练气时所留下的，这些茶树数量不多，多生长在岩石边，得天地灵气养育，极为宝贵，你可以去搜寻一些茶叶，煮茶饮用以洗荡凡身。"

在师傅的指引下，初平果真于深山中采集了许多野生茯苓，但却未遇到半株茶树，于是他就问师傅这茶树究竟生长于何方，道士笑道："不可说，缘到自然可得此茶。"初平一时不解，但见师傅又再无他话，于是只得作罢。

这一日，初平在古洞内盘坐着修炼，忽然听得有羊羔的叫声，初平睁开眼睛，见身前不远处，一只羊羔正在欢快地饮着泉水，定睛一看，这分明是当年那只失足受伤的小羊啊！初平起身就要抱那小羊，不料小羊掉头就跑，初平只得紧追不舍。小羊似乎身体强健了许多，撒开蹄子直朝山顶奔去，一羊一人穿过树林，越过草地，终于来到了山顶上。

只见这山顶有一湖泊碧波粼粼，湖水映射出万道祥光，俯视山腰白云朵朵，仿佛自己置身天外。初平被这番天外景致迷醉了，小羊又发出了"咩咩"的叫声，初平惊觉，但见那小羊低头饮了几口湖水后，骤然跃起，没入了湖边一团白雾之中。初平紧跟上去，发现这湖边一片湖滩上，白雾茫茫，从外面根本看不清雾里的情景。想了一想，初平抬脚也迈入了浓雾中，不料眼前景色又是一变，原来浓雾之中一片清朗，这里岩石遍生，形态奇异。突然他惊喜地发现，岩边和岩缝中，赫然生长着一株株苗壮的茶树，茶叶青翠欲滴，芽头饱满沁香，这正是师傅所说的仙茶啊！于是初平便小心翼翼地采摘了些许茶芽。等他再去寻找小羊时，却不见其踪影。

回到洞府外，却见师傅正面带微笑怀抱着小羊在等他，初平恍然大悟。道士笑道："如今机缘已到，你得这仙茶之助，修行当事半功倍。"初平闻言,忙向师傅拜谢。

山中无岁月,寒尽不知春。几十年后,黄初平道法终有小成。一日道士找到初平说:"我乃上仙赤松子,因你有仙缘,才得以引导你这么多年。此地乃洞天福地,不久之后你可于此山得道,此山的岩茶得天地之精华,将来你可以用它去普济世人。"言罢道士便飘然离去。

又过了几年,初平道法终于大成,他回到家乡,得闻父母已经逝去,只见到了哥哥黄初起,他就向哥哥讲述了这么多年的修道经历。哥哥问初平当年放的羊都到哪里去了,初平说仍在山中,哥哥不相信,于是初平就带哥哥来到山上看,却只看见一群白石,哪里还有山羊呢?只见初平不慌不忙,口念法咒,叱声"羊起",山上的白石顿时应声而起,变成了一群白羊。由此,哥哥黄初起才相信弟弟所言非虚了,于是也跟着弟弟一起在山中修炼。后来兄弟俩终于修得无上道法,弟弟黄初平乘着仙鹤,带着哥哥一齐飞登仙府,修得正果,同列仙班。

黄初平修成正果后,仍不忘当年身在尘世中的疾苦,于是他经常化成道翁模样,云游四海,做了许多善事,民间感恩他的仙德,都称颂他为黄大仙。

话说当朝,金华县有一位叫谢志明的人因患眼疾,久治无效。这谢志明正值壮年,虽然饱受眼疾之患,但他却很勤劳孝顺,上山砍柴，下地劳作，孝敬父母，乡民们都为他感到惋惜。也有许多路过的郎中在听闻他的遭遇后，纷纷想办法为他医治，但却始终无法治愈。看着志明的眼疾越来越厉害，亲友们忧心不已。

有一天谢志明一早便上山砍柴，偶然间在山道上遇到一位道翁问路，志明便如实地给他指路，并邀请道翁去他家里小憩。道翁在得知谢志明的眼疾后，念他勤劳孝顺，便指点他说北山之中的岩石边生有茶树，取巨石缝中所长的茶叶，捣碎敷眼，可治眼疾。谢志明按道人所指来到山中，果然在一处湖泊边的岩缝中寻得茶叶，后来他按道翁指点的去做，没想到患了多年的眼疾真的由此得到根治。

此后，这种神奇的茶叶在民间得到口口相传，有人还给它取了个名字叫"举眼茶"。那位与谢志明不期而遇的道翁，据说就是传说中的黄大仙，而民间所传的"举眼茶"，就是流芳后世的婺州"举岩茶"。

九华山人诗名举岩茶

北山有佳茗，

采自云雾间。

奇岩仙人举，

名茶千古传。

一首小诗，引出了一段千年名茶的动人传说。

晋代，婺州北山有座名闻遐迩的赤松观，是为纪念"普济劝善，为民造福"的赤松黄大仙而建。观内有位道学深厚、才华横溢的道长，俗姓何，字德修，自号山阴子。此人出身名门，却痛恨权贵，关心民间疾苦，修身立德，闭门不仕。他喜游名山秀水，广交朋友。十七岁那年，他慕赤松黄大仙之名，来到赤松观，见此处山清水秀，如入仙境，遂断绝尘念，入观修道。

一天晌午时分，他正在打坐静心，忽听道童来报，有好友来访。他心想，自入观以来，已很少外出，何来好友登门？正欲问道童，却听来人高声叫道："德修兄，别来无恙？"他定睛一看，果然是他的一位挚友，便喜不自禁地迎上前去，并请他在客堂落座。

你道这来人是谁？此人姓张名立德，祖籍徽州，自称九华山人。他出身虽非名门，却天资聪颖，饱览群书，文才出众，书画皆精，当时也称得上是徽浙一带的名士。他曾考取秀才，在衙门当过一名书吏。无奈他天生傲骨，痛恨朝廷腐败，不屑与贪官为伍，因而不到半年，便不辞而别，在家吟诗作画，外出游山玩水，广交文友。去年德修道士云游到福建武夷山，在山上一茶铺内偶遇张立德，两人意气相投，而且嗜茶如命。他俩一见如故，边品武夷岩茶，边吟诗论道，真是相见恨晚。临别时两人难舍难分，张立德拉住何道长的手说："今日一别，不知何时才能相聚？"何道长动情地说："婺州北山风景秀丽，实乃洞天福地。赤松观气势宏伟，堪称江南道观之首，先生若不嫌弃，何不前来一游，贫道一定备好佳茗，扫榻以待。"九华山人当即连连允诺："定当登门拜访。"没想到，九华山人今日果然应约而来，何道长怎能不欣喜万分？他当即吩咐道童煮茶备饭，以尽地主之谊。岂料九华山人是位好动之人，忙说："适才一路行来，只见风光无限，可惜未及细看，何不到山中一走，以饱眼福，回观后再畅叙别情如何？"何道长一听哈哈大笑："真乃是性情中人也，那就随贫道走一走！"

两人出得观来，远望青山叠翠，近看绿荫如织。山间清泉叮咚，树上百鸟鸣唱，更有那奇洞怪石，目不暇接。九华山人边看边叹道："真乃人间福地也！"俗话说"人喜脚头轻"，不过两个时辰，他俩爬过两个山头，来到了盘泉那边的一座高山。此处浓荫蔽日，云雾飘渺，四周奇岩嶙峋，远望婺州城依稀可见。九华山人还想登高揽胜，无奈已精疲力竭，登山时一身热汗，此时经冷风一吹，似乎得了风寒，顿觉头晕目眩，口干舌燥，四肢疲软，便一屁股坐在山石上。何道长见此情景，忙上前扶起说："立德兄定是饿坏了，就此下山回观吧！"九华山人是个"宁可一日无饭，不可一日无茶"的人，便摇摇头说："不，不，此时若有香茗一杯，岂不快哉？！"何道长一听忙说："这有何难？"说着，指指不远处的一处小山坳："那儿有一处茶铺，住着茶农李老伯，还是位煮茶好手呢！"九华山人一听有茶喝，顿时来了精气神："走！"

且说那李老伯乃世代茶农，热情好客，铺前摆有茶桌茶水，却非茶摊，而是供过往行人解渴之用。此时正是清明时节，他正从山上采茶归来，见何道长二人来到，忙上前笑脸相迎，并请他们到桌旁坐下。李老伯与何道长是老相识，问道："此位先生从未见过，莫非是远道而来的贵客？"何道长笑道："正是，去年贫道云游福建，与这位九华山人相识，成了莫逆之交，今日应邀来赤松山一游，途中口渴，特来这里讨香茶一杯。"李老伯欣喜地说："应该，应该！请两位稍等片刻。"说罢，进了灶间。不到半个时辰，李老伯就将煮好的茶端了出来。此时九华山人已渴不及待，举起杯子连喝数口。这一喝不打紧，却喝得他愣了神。原来他也是茶道中人，茶一进口，就感到此茶非同一般：鲜醇甘美，香浓隽永，不由得睁大眼睛细看，只见那茶芽叶嫩黄饱满，汤色清澈明亮，叶底成朵，真可称得上是茶中珍品。他连饮三杯，不但解了渴，而且体内的风寒顿消，感到眼睛也明亮多了。于是指着何道长说："德修兄真不够朋友，此地有如此佳茗，为何从未告知？"何道长笑道："今日先生身临其境，亲品此茶，不就知道了吗？"说得大家哈哈大笑。

　　九华山人是个好学之人，凡事都要探个究竟，当下就问李老伯："不知此茶采自何处？"李老伯指指不远处的几块巨岩说："我的茶就采自那些生长在岩石缝中和岩石下的茶树。"九华山人朝前望去，果然见岩石边长着一株株葱绿的茶树，此时他过了茶瘾，满口留香,精神倍增,便对何道长说:"能否陪我前往一看?"何道长说:"立德兄有如此雅兴,贫道理当奉陪。"

说着,三人来到巨岩下的茶树旁,只见树上芽苞初展,青翠欲滴,嫩芽上茸毫毕现,十分诱人。九华山人喜不自禁地采下一枚嫩芽,但觉幽香扑鼻,放在嘴里细嚼,清醇中有股淡淡的甘芳,不禁连呼"好茶,好茶"!并对李老伯说:"如此奇岩好茶,必定大有来历,烦劳说给我听听。"何道长也笑着对李老伯说:"您就给先生讲讲吧!"

三人回到茶铺,李老伯又为他俩沏上一壶新茶,便开口道:"提起此茶的来历,实与赤松黄大仙有关。"传说当年大仙叱石成羊时,山前村的山民方松春正好上山砍柴,见此情景,惊奇万分,回村后告知了乡亲。有人说,黄大仙专为百姓做好事,我等穷苦人家何不上山向大仙求羊,也过过好日子?乡亲们一听无不点头赞同,当下忙着准备上山的事。谁知这村里有个叫方七的人,在县衙当差,回衙后当晚就向县老爷禀报。这县老爷郭守维是个欺民贪财的人,一听此事后大喜,连夜写了告示,第二天一早派人到处张贴。告示上说:查赤松山一带,有刁民要上山求羊,谋取不义之财。山上的岩石乃官府所有,不得擅自搬去,违者严惩不贷……告示一上墙,百姓们便愤愤不平:苛捐杂税还不够,如今连石头都要归官府了。我们向大仙求羊,又不犯法,管他作甚?!当下议定,明日上山。

说着，三人来到巨岩下的茶树旁，只见树上芽苞初展，青翠欲滴，嫩芽上茸毫毕现，十分诱人

　　谁知，第二天一早乡亲们来到赤松山时，郭守维带着上百名家丁衙役早已来到此地，原来又是方七报了信。县老爷见来了许多百姓，勃然大怒，命衙役们四处驱赶，不得近前。这时山上一山洞前，已摆好香案纸烛，郭守维高举佛香，双目紧闭，高声道："如今病灾连年，百姓不堪其苦。守维身为父母官，食不知味，夜难成眠，望大仙慈悲为怀，快显神通，将石头变成白羊，以救万民于水火之中。"说毕伏地叩拜。岂知黄大仙在山洞内早已知晓，他手执拂尘从洞中出来，哈哈大笑道："项庄舞剑，意在沛公，你要求羊，就让你开开眼界吧！"说着用手一指："羊儿快起！"顿时满山的白石应声而动，随风而长，变成了一群白羊，到处嬉戏奔跳。郭守维和衙役们看得目瞪口呆，惊喜不已。郭守维大喊："还不给我抓！"山上顿时乱作一团，羊儿到处乱跑，而且越跑变得越大，衙役们紧追不舍。就在这时，黄大仙用拂尘一指，大喝一声"着"！突然风雨大作，满山的羊儿又顿时变成了石头，衙役们被滚动的石头砸得鼻破眼歪，缺指断腿。贪心的郭守维抓住一只大肥羊不放，因此被大石砸得奄奄一息，据说抬回县衙后不到十天就一命呜呼了……

　　九华山人听得入神，急切地问："那后来呢？"

　　李老伯呷了一口茶说："从那以后，原本山上平躺着的石头就从山泥中举起，而且奇形怪状，时间久了，慢慢地变成了灰白色和青灰色，雨水从岩顶渗进了石缝，流到了岩下，慢慢地又长出了茶树。

这种岩石间的茶树又粗又大，制出的茶非同一般，难怪老一辈的人说，这可是大仙赐给我们的'仙茶'呐！"

听着李老伯动人的传说，细细品味眼前的佳茗，九华山人若有所思地问："不知此茶何名？"李老伯说："过去茶名倒不少，此地乃北山，有人就叫它北山茶，北山也称长山，也就有人叫它长山茶。这山村一带传说黄大仙曾用此茶治好一位姑娘的眼睛，因而又有人叫它举眼茶。不过这些都是本地人自己叫叫的。"九华山人说："人过留名，雁过留声，如此好茶，岂能没有一个好名字！"何道长一听便知其意，忙问："莫非立德兄已胸有成竹？"九华山人起身指着前方的岩石和茶树说："真是奇岩出好茶呀！我游历众多名山秀地，难得见此地的岩石如仙人所举，何不就叫……"不等他说完，何道长顿时明白，抢先高声道："举岩茶！"九华山人连连点头笑道："正是，正是！"一旁的李老伯听了后也拍手称好！

据说，九华山人夜晚回到赤松观，回想白天所见所闻，仍觉口留余香，兴奋得夜不能寐，于是他起身来到桌旁，拿起纸笔，不消半个时辰，一幅北山胜景图已跃然纸上，其中最显眼的就是那巨岩和茶树，并在画上题写道："奇岩仙人举，佳茗千古传。品婺州举岩茶偶记。"

凡事一经名人雅士的口与笔，就不胫而走，广为传播，过去小有名气的"举眼茶"被人们渐渐地淡忘了，而"举岩茶"却名声鹊起，广为流传并永载史册。

御笔亲书"举岩茶"

朱元璋当上了皇帝，骑在马背上的生活过去了，心宽体胖的他总想琢磨点事情来做，做什么好呢？他就叫几个大臣陪他下棋。可这些大臣们都猴精得很，你想想，皇上大权在握，荣辱生死都是他一张嘴皮子说了算，如果下棋时出手太狠，把皇上杀得一败涂地，让他下不了台面，那麻烦可就大了。但如果让棋太多，皇上看出破绽，他又会觉得你是在愚弄他，万一他龙颜大怒，那后果更是不可想象。所以每次大臣们陪他下棋，非但把衣服穿得整整齐齐、光光鲜鲜，表面上正襟危坐，心里头其实都紧张得如同热锅上的蚂蚁。可有个人并不考虑这些，他在皇上面前随随便便，该怎么说就怎么说，该怎么下棋就怎么下棋。而且朱元璋跟大臣们下棋，也只有他敢赢皇上的棋。这个人是谁？他就是跟皇上出生入死、情同手足的大明开国元勋刘伯温。

这一天，刘伯温又来见皇上。他这次来呀没别的，就是请皇上下棋。可这一次不巧得很，因为朱元璋生病了。原来朱元璋做了皇帝后，每天吃的是山珍海味，穿的是绫罗绸缎。不想因为这天上飞的、地上跑的、水中游的美味佳肴吃多了，他一时肝火上升，双眼红肿，那个肚子胀得像个皮球一样。他赶紧传御医来看，哪晓得这些老御医七看八看就是看不好他的毛病。朱元璋心里那个懊恼没法说，正在这个节骨眼上，刘伯温找过来了。

下棋？皇上龙体欠安是何等严重的事，谁还跟你玩这破玩意儿。可没想到刘伯温看到皇上这个样子，竟跟他开起玩笑来了："皇上呀，你这肚子都像怀有六个月身孕了。"朱元璋听了哭笑不得，说："现在我在火中，你却在水中，到这时候还开这种玩笑，也就是你有这个胆子。"刘伯温呵呵一笑，只见他趋前一步，不慌不忙地说："皇上不要急，我正是为这事来的呀。"

朱元璋一听，眼睛顿时一亮，到底是和他同生共死的开国老臣，脑袋瓜子好使，什么都瞒不过他，这生病的事他也知道了。皇上连忙问："莫非你带灵丹妙药来了？"刘伯温微微一笑，说："皇上圣明。"说着就从身上拿出一只精美的盒子，放在皇上面前。朱元璋打开一看，没想到竟是一盒茶叶。只见那茶叶色泽青翠，银毫显露，芳香扑鼻。看来这茶倒是好茶，但也不是什么稀罕之物。这天下名茶如什么休宁松罗、涌溪火青、龟山岩绿、蒙顶甘露、天池茗毫等，皇宫里应有尽有。

朱元璋不由得皱了皱眉头说："伯温啊，你拿这么个东西来给我入药，不是开玩笑吗？"刘伯温哈哈笑道："不忙，不忙，喝了这茶，您就明白了。"说罢，就命宫内太监拿着这茶叶去煮一壶上来，自己非拉皇上下棋不可。朱元璋被他搞得没办法，反正闲着也是闲着，君臣两个就在御花园中，品着香茗，对弈起来。

朱元璋把注意力集中在棋盘上，暂时忘记了腹胀的苦恼，认认真真地下棋。不想这个刘伯温和别的官员不一样，别的官员和皇上下棋，神情紧张，心里总盘算着怎样才能不赢棋，又输得不动声色。而刘伯温并不考虑这一些，他棋艺高强，没一会儿工夫，就进入中局吃掉皇上的一个"车"。朱元璋一看，心里急了，伸手就想抓过棋子要悔棋。刘伯温笑吟吟地把皇上的手按住，说："皇上，观棋不语真君子，落子无悔大丈夫啊！"朱元璋心里不高兴了，你找我下棋，我就跟你下棋，你趁我不当心，又偷吃了我的"车"，现在就连我悔个棋也不肯，也太不给我这个皇上面子了吧。皇上心里一气一恼，就把桌子一拍："刘伯温，你大胆！"没想到他这个"胆"字还没出口，就放出一个响屁来。只见刘伯温忽然站起身来，拍着手说："好好好！这就对了！"朱元璋感到非常奇怪，这人有毛病呀，我发怒了，骂他了，如果换作别的大臣早吓得趴在地上了，这还好呀？只见刘伯温笑着说："皇上感觉怎么样？"朱元璋愤怒地说："我还能怎么样呀，'车'都让你偷吃了！"刘伯温又说："我是问皇上感觉身体怎么样了。"身体？朱元璋这才醒悟过来。咦，这肚子"咕噜咕噜"地响了起来，腹内不觉宽松了不少。

朱元璋感到高兴起来了："好你个刘伯温，你原来给我唱这出戏呀。"这时他才明白，这个刘伯温给他送了举岩茶，让他边喝茶边下棋，又故意想办法让他发怒，原来就是为了医治他的病呀。

这时，朱元璋抖擞精神，决心与刘伯温在棋盘上一决雌雄。这盘棋呀，皇上越战越勇。刘伯温倒不怵皇上的棋艺，只是有一样他实在是有点受不了，哪一样？皇上下棋时响屁连连，害得刘伯温笑也不是哭也不是，又不好掩起鼻子来。而这个朱元璋虽说是当今圣上，可他放牛娃出身，是个大老粗，他倒是一点都没有感到什么不雅，只图自己爽快舒服。就这样，朱元璋和刘伯温连下了三盘棋，除了第一盘输给刘伯温外，后面的两盘棋皇上都赢得十分漂亮。

朱元璋感到非常高兴，这一高兴呀，他感到自己肚子完全宽松了，那腹胀的毛病好了，就连那眼睛也舒服多了。朱元璋这才注意起那茶来，这茶味极甘芳，汤色嫩绿透亮，如同碧乳一般。他心里非常高兴，就问："伯温呀，这茶不错呀，你是从哪儿弄来的？"刘伯温微微一笑说："皇上真是日理万机，竟然把这个婺州举岩茶都给忘了，这可是您亲自赐封过的呀！"朱元璋敲了半天大脑袋才好不容易回想起来，连说惭愧。

原来当年朱元璋率领众兄弟攻打婺州城时，不想军士因水土不服，很多人得了伤寒眼疾。一些人跑到赤松观烧香跪拜，祈求黄大仙保佑。后来这道观一位老道长给他们每人一小包婺州碧乳茶，叫他们用沸水煎煮后频饮。病重者，用这茶与生姜、食盐、粳米炒到焦黄煮服，或者研碎吞服。人们按照老道长的方法治疗，效果果然出奇得好。只用了两三天，得病的人全都治愈了。

且说那些将士们病好了后，非常高兴，在金华北山鹿田村附近加紧操练，将士们为了比试臂力，还在这里举行了一次举岩石比赛。

朱元璋看了这些士兵又重新回到了原先生龙活虎的样子，就高兴地拍手叫道："好好好，还真多亏了这些举岩茶！"这些将士身体康复，朱元璋军威大振，他封了举岩石比赛中两位大力士常遇春、胡大海为左右先锋，势如破竹，一鼓作气拿下了婺州。

朱元璋想起了这些陈年往事，感慨万千，连连拍着大脑袋说："你不提起，我还真把这事给忘了。"就命下人笔墨伺候，当即挥毫写了"婺州举岩茶"几个字。刘伯温一看，这字写得虽不怎样，却也刚劲有力，就大拇指一竖说："好，这劲道，这气势，也只有皇上您能够写得出了！"朱元璋打趣说："哈哈，你喝的墨水多，就不要给我抬什么轿子了。"忽然间，他回想起刚才赢刘伯温的两盘棋，总感到有些蹊跷，就问："刚才最后两盘棋你是故意输给我的吧？"刘伯温一听，脸色大变，赶紧往地上一跪说："启禀皇上，臣罪该万死，刚才臣是故意让给皇上的。"朱元璋这脸上可挂不住了："这，这又是为什么？"刘伯温朗声答道："刚才看皇上精神好多了，正在兴头上，就不想给您败兴。因为只有您高兴了，才能国泰民安。"朱元璋心想，自己戎马一生，好不容易换来了太平盛世，这不仅仅是自己一个人的功劳，还有各种各样的人要作出必要的让步和牺牲。只有君爱臣，臣爱君，上上下下默契互动才能真正做到国泰民安。

至于婺州举岩茶，因为朱元璋御笔亲赐，茶的品质又好，后来名气就更大了，喝举岩茶成为了历代皇帝所好。

朱元璋想起了这些陈年往事,感慨万千,就命下人笔墨伺候,当即挥毫写了"婺州举岩茶"几个字

[叁]婺州举岩茶的价值

1. 工艺价值

婺州举岩茶采于清明至谷雨间,采摘标准为一芽一叶或一芽二叶初展,炒制1千克干茶需采6万片左右的芽叶,其原料品质独特。婺州举岩茶的制作工艺在传承了千百年传统的经验基础上,形成鲜叶采摘、拣草摊青、青锅、揉捻、二锅、做坯整形、烘焙、精选储存八道工序。焙炒是婺州举岩茶制作的关键工序。炒制的特点是以焙为主,炒焙结合,形成了婺州举岩茶独特的工艺。

2. 食用价值

婺州举岩茶味浓甘醇且营养丰富,含有茶素、茶单宁、蛋白质、氨基酸、糖类、脂肪酸、维生素、矿物质、咖啡碱、碳水化合物、多酚类、芳香族化合物等三百多种物质,其中茶多酚、咖啡碱、氨基酸含量极高。就维生素而言,含量最多的是维生素C,含量可高达$300\sim500mg/100g$。维生素C具有抗氧化能力,可增强人体免疫功能,预防感冒。除维生素C以外,还含有维生素A、B、E、K、P等。维生素A能维持皮肤和黏膜的健康,促进生长。维生素B能维持皮肤凝血素的合成,防治出血,促进骨中钙的吸收沉积等。

3. 药用价值

唐代医学家陈藏器在《本草拾遗》中说:"茶为万病之药。"现代科学研究揭示,茶能够调节血脂,预防心脑血管疾病,调节免疫

功能，延缓衰老，减肥，抗辐射，利尿通便，抑菌抗病毒，抗肿瘤，保护生物大分子等保健功效。《檐曝日记》称："饭后饮之可解肥浓。"《串雅补》曰："治虫积、虫胀，茶叶五钱，青盐一钱，洋糖、三梭、雷丸各三钱，为末。将上盐、糖煎好后，入三味调匀，每日三钱，白汤送下。"《本草纲目》曰："茶主治瘘疮，利小便，去痰热，止渴，令人少睡，有力悦志。下气消食。作饮，加茱萸、葱、良姜，破热气，除瘴气，利大小肠。清头目，治牛风昏愦……"宋代吴淑在《茶赋》中描述了婺州举岩茶的保健功效，曰："夫其涤烦疗渴，换骨轻身，茶荈之利，其功若神，则……香浮碧乳……"

4. 研究价值

婺州举岩茶的制作工艺和茶医学具有极高的研究价值，尤其是对茶叶中主要有机成分如茶多酚、茶多糖、茶色素、茶氨酸、茶皂素等的医学研究更为人们所需要。如对茶多酚类的医学研究有：茶多酚的抗癌作用、茶多酚对心脑血管疾病的防治作用、茶多酚的抗辐射作用、茶多酚的抗病毒作用、茶多酚的防治肾疾的作用。如对茶多糖的医学研究有：茶多糖医学应用研究的历史、茶多糖的组成成分及理化性质、茶多糖的药理作用。如对茶色素的医学研究有：茶色素的活性机理与作用途径、茶色素的细胞和动物试验、茶色素的临床实验、茶色素的药用价值。如对茶氨酸的医学研究有：茶氨酸在茶树中的分布、茶氨酸的生理药理功能、茶氨酸在人体内的吸收代谢及安全性、茶氨酸的开发利用。婺州举岩茶属于高海拔、高酚类茶叶,对其研究有助于制茶工艺的创新发展。可以说,举岩茶的历史是产茶、制茶、饮茶的发展史,也是国民经济的发展史,更是药用文化、历史文化、茶文化、饮食文化的发展史。

5. 文化价值

上千年的历史传承使民间流传着许多脍炙人口的有关婺州举岩茶的优美传说。相传晋代黄初平(黄大仙)在北山修炼,用举岩茶治眼疾,人们尊称它为"举眼茶"。九华山道人山阴子造访北山,品仙茗听传说,定名"举岩茶"。唐宋时期,举岩茶成为皇室贡茶,民间故事纷纷流传。1358年,元末朱元璋攻打婺州守敌,驻跸北山鹿田,操练兵马,发现了婺州举岩茶,给士兵解渴提神,赢得战事。朱元璋称帝后又把婺州举岩茶纳入贡茶,至清朝道光年间(1821—1850年)仍保持芽茶与叶茶两个品种为贡茶。唐宋明清记载婺州举岩茶的专著就有十几部。

[肆]婺州举岩茶的地域特征

金华市位于浙江省中部,东邻台州,南连丽水,西毗衢州,北与杭州、绍兴接壤。自三国吴宝鼎元年(266年)置郡始名东阳以来,历名金华、婺州。

婺州举岩茶主产区分布在金华北山一带。金华北山也叫金华山,古时称长山、常山,是处于千里岗山和会稽山之间的一座弧形断块山，地处东经119°～119°57'，北纬28°42'～29°18'。地质时期由于受地质内力引起的抬升和外力风化及流水作用的共同影响，形成区内地势险峻，奇峰怪石林立，洞壑幽深的复杂地貌。

金华山南坡属低山丘陵地貌，地势由北向南倾斜。由于金华山的间歇性抬升和地球外力的风化、剥蚀和流水搬运作用，金华山南坡呈阶梯坡状，自南坡山脚至大盘山顶可分为多级抬升高度，形成多级山间台地。主要有：盘前—武坪殿台地，海拔1000～1100米之间。这一带由于海拔较高，气温较低，年最高温一般在26℃，年最低温在-4℃，所以基本是长冬无夏，春秋相连。鹿田—双龙—九龙台地，海拔在500～600米之间。这一带处于金华山的石灰岩带，多分布溶洞，如著名的双龙洞、冰壶洞、桃源洞都在这一带。这一带溶洞集中，森林植被覆盖率高，树木茂盛，空气清新，再加上秀丽的湖光山色，成为主要的旅游区。因此，金华北山的南坡也是国家级风景名胜区——金华双龙风景名胜区、双龙洞国家森林公园的所在地。

金华北山山体由北向南呈阶梯状倾斜，海拔在600～1200米之间。金华北山的气候由于山体的海拔差别较大，直接影响了山区的气温和降雨。气温的垂直变化十分明显，山顶处常年平均气温11.1℃，比山脚处低6℃，年平均气温17℃，无霜期250多天，具有明显的山地气候特征。

金华山的海拔高度及其所处的坡向（南坡）和季风气候的特

征，使金华山成为金华市的一个降水中心。降水量总体趋势是一开始随海拔高度而递增，到海拔大约1100米以上后降水量则随海拔高度的增加而减少，最大降水量的高度出现在海拔600~1100米之间。金华山的年平均降水量为1650毫米。

金华山的相对湿度随高度的变化同雨量分布特征基本一致，即从山脚到山顶，湿度随着海拔高度的增高而增加。到了最大降水量的高度以后，尽管降水量随高度而减少，但由于气温降低，相对湿度还是有所升高。金华山平均相对湿度在90%以上，常年云雾缭绕。

金华山雨量充沛，温度适宜，植物茂密，土层较厚，从山麓到山顶土壤为红壤、山地黄壤，另有较大面积的石灰岩土和其他岩性土，这些土壤是种植灌木类作物最好的土壤。

婺州举岩茶制作技艺

婺州举岩茶历时一千多年，在长期的民间生活生产中，不断改进和创新，积累形成了独特的制作工艺。

婺州举岩茶制作技艺

[壹]制作流程

1. 婺州举岩茶制作主要设备

柴房 古时制作茶叶的燃料主要是柴禾和木炭。制茶用的柴禾大都是干燥或半干燥的,柴房是用来堆放柴禾和木炭的房屋,一般用沙石土夯成墙或砖石块砌成墙,盖上茅草或土瓦片。

摊青房 用沙石土夯成墙或砖石块砌成墙,盖上茅草或土瓦片,用来摊晾采摘的鲜叶(茶青),以达到蒸发鲜叶水分的目的。

炒茶灶 用砖坯或石块砌成,安放广口铁锅,位置倾斜,利于炒茶,类似农村煮饭土灶,但铁锅安放的位置与斜度不同。

2. 婺州举岩茶制作主要工具

揉捻槽 用毛竹片和竹丝编制而成,中间宽阔而凹成槽,以便搓揉茶叶,两头细窄而略长,以便坐人。

烘笼 用毛竹片和竹丝编制而成的圆形茶叶干燥设备。分上下两个部分:上半部分中间凸起成山形,而四周一圈为凹状,在凸处可摊放经揉捻的茶坯;下半部分为圆形烘架,架内可置炭盆,以炭火为热源进行烘焙。

畚斗 用竹片和竹篾编制而成,是制茶时临时搬移茶叶的工具。

竹匾 用竹片和竹篾编制而成,是制茶时盛装茶叶的工具。

棕刷 用棕毛做的刷子,制茶时用来清扫青锅、二锅时的清洁工具。

地垫 用竹片和竹篾编织而成,是鲜叶摊青用的垫子,类似农村晒谷用的篾垫。

3. 婺州举岩茶制作工序

鲜叶采摘——拣草摊青——青锅——揉捻——二锅——做坯、整形——烘焙——精选储存。

鲜叶采摘 在清明至谷雨期间,用"二指提捏法"手工采摘一芽一叶或一芽二叶初展的嫩芽叶。对采摘好的鲜叶按采摘的标准进行分类,使其嫩度、均度基本一致,保证鲜叶质量。

拣草摊青 鲜叶采回后要严格拣剔,剔除不符规格的芽叶鳞片、鱼叶、单片、虫害叶及紫芽。然后置于清洁阴凉之处的竹垫或圆匾上,摊青6~8个小时,以散发部分水分,促使鲜叶变软,发出浓厚的芳香。

青锅 在斜锅内进行,锅温180℃左右,投叶量1.3~1.5千克,鲜叶下锅后即用单手或双手翻炒或抖炒,叶要抛得开,抛闷结合,杀青要杀透杀匀,至叶质柔软,紧握成团,减重35%为适度,即可出锅揉捻。

青锅

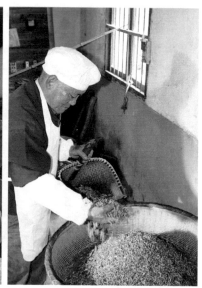
二锅

揉捻 在揉捻槽内进行,揉捻要轻压、轻揉,时间约6分钟左右,揉至茶叶外溢有粘手的感觉即可摊凉待炒。

二锅 在斜锅内进行,锅温90℃左右,投叶量1.2~1.5千克。炒时手心向下,手掌伸直由锅底锅壁至锅面翻炒,待茶条发烫,逐步降低锅温,再炒15~20分钟,炒至含水量50%左右,以至茶条(厚度3~5厘米)粘性减少,即可起锅摊凉,然后进行做坯、整形。

做坯、整形 在平锅内进行,锅温70℃左右,投叶1.5千克左右。双手置茶于手心,运用掌力逐步加重回搓揉,不断抖散团块,炒10~15分钟至含水量20%左右,改变手势整形,即用手沿锅壁拷拍,伸手紧贴坯茶在锅四周翻炒，形成直而细紧的条索时即可出锅。

揉捻

烘焙 用焙笼及精选白炭，毛火90℃左右以迅速蒸发水分，足火50℃左右以产生香气，然后暗火低温长烘，1小时左右至含水量5%~6%即可出笼。

精选储存 经精心炒制的举岩茶出笼后进行冷却精选，然后储藏在已经烘干的陶罐里封存，以防受潮变质，保持举岩茶特有的色香味品质。

烘焙

精选储存

[贰]产品特色

婺州举岩茶历时一千多年，在长期的民间生活生产中，不断改进和创新，积累形成了独特的制作工艺。

1.独特的地方土种为举岩茶提供了养料。在金华北山一带，云雾翻腾，巨石嶙峋，土壤腐殖层厚，形成地方特有的"土种"，这是形成婺州举岩茶"色、香、味、形"四绝的基础。

2.独特的地理自然环境形成独特的举岩茶制作工艺。金华北山地处金衢盆地东缘，不便的交通和艰苦的生活环境，是家家户户制作自饮用茶的原因。域内属山地，年均气温低，空气湿度大，林木茂盛，非常符合婺州举岩茶炒、烘的独特工艺要求。

3.独特的制作工艺是婺州举岩茶"色、香、味、形"四绝的保证。婺州举岩茶经过抖、抓、翻、压、捺等多道工序精制而成。举岩茶外形蟠曲紧结，茸毫依稀可见，汤色嫩绿，香气清香持久，滋味鲜醇甘美，叶底清绿匀整，真可谓是赏心悦目的佳茗。

婺州举岩茶品质特征为：外形蟠曲紧结，茸毫依稀可见，色泽银翠交辉，香气清醇持久，具有花粉芳香味，滋味鲜醇甘美，汤色嫩绿清亮，叶底嫩绿匀整。

[叁]冲泡技艺

【摆盏备具】将冲泡婺州举岩茶的茶具摆放工整，以瓷杯或瓷盖碗冲泡为佳，水温控制在85℃~95℃左右。

【鉴赏佳茗】婺州举岩茶外形蟠曲虬结，茸毫隐露，色泽银翠交辉，形态秀美。

【流云拂月】即为温杯，倒入少许热水入盖碗中，摇晃三次，再

摆盏备具

鉴赏佳茗

倒入盛水皿中，以提升杯温，有利于茶叶成分的浸出。

【**举岩入盏**】在盖碗中拨入5~6克举岩茶。

【**甘露润春**】也称浸润泡。选用80℃~85℃之间的温水进行冲

流云拂月

举岩入盏

泡。逆时针旋转一圈,使茶叶充分浸润,孕育茶香。同时另取温水倒入公道杯中,旋转洗净,再依次注入饮茗杯中,洗净将水倒出。

【凤凰点头】用"悬壶高冲"的方法加水至八分满,使茶叶上下翻滚,冲泡均匀,茶叶慢慢下沉,犹如仙女散花。然后将冲泡好的茶汤倒入公道杯中,再将公道杯中的茶汤用"关公巡城"的方法倒入品茗杯中。

【举盏送茗】双手托起品茗杯,递至客人面前。

甘露润春

凤凰点头

举盖送茗

【清茗悠韵】观其色，闻其香，品其味。

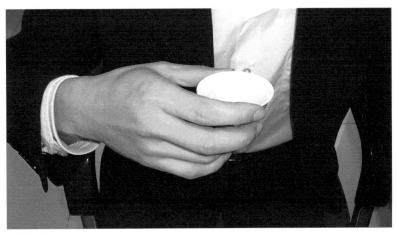

清茗悠韵

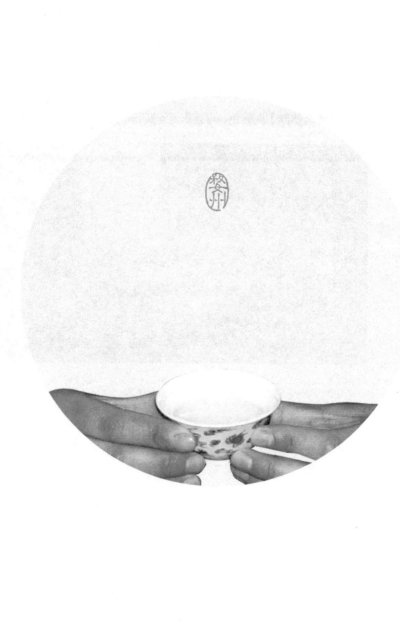

婺州举岩茶代表作品及传承人

经过数代传承人的不懈努力，如今婺州举岩茶的品类规模已较为可观。

婺州举岩茶代表作品及传承人

[壹]婺州举岩茶精品

婺州举岩贡茶

泡好的茶汤

[贰]婺州举岩茶传承代表人物

第十七代传承人胡招余

国人植茶、制茶、饮茶的历史悠久,可以说,茶不仅彰显着特定历史、区域或族群的生活方式和文化结晶,也成了中华文明的重要象征。因此,承认茶在中华民族文化史上的重要地位,保护中国茶传统制作工艺,意义非凡。为了让婺州举岩贡茶的传统制作技艺得以良好地传承,浙江采云间茶业有限公司积极为婺城区罗店镇鹿田村村民胡招余老人申报国家、省、市非物质文化遗产项目代表性传承人,并以其为代表,大力保护、传承和发扬历史悠久、内涵丰富的举岩茶文化。

婺州举岩贡茶产于著名的国家级风景名胜区双龙洞国家森林公园内的鹿田村一带。位于北山的鹿田村中,有位名叫胡招余的制茶师傅,今年七十三岁的他虽腿脚不便、耳朵不灵,但精神仍十分矍铄。只要对他说起婺州举岩绿茶的制作技艺,胡招余总是感慨万千,因为他的童年就是在弥漫着茶香的环境中度过的。

据了解,胡招余家族中数代人从事婺州举岩茶手工制作,从清代(1783年)高祖父胡兴盛到民国(1940年)父亲胡昌林,已有一百五十八年制作婺州举岩茶的历史。在胡招余的印象中,早期的茶山属于集体所有,制茶则由小队包干,他父亲就是其中一位制茶人。据胡招余回忆:儿时,他家住的是四合院的房子,一个大院子内就住了十二户人家，家家户户都种茶。白天大人们就到北山上种茶、养茶，晚上每户人家都在炒茶、做茶，大家一边聊天，一边用工具将茶叶摊晒、翻炒、烘干，嘈杂声四起，茶的香气也愈来愈浓，分不清到底从哪家先飘了出来……当时还是孩子的胡招余因为好奇，也为了凑热闹，时常围着父亲和兄长，看他们怎么做茶，听他们说每道工序的要领。耳濡目染之下，胡招余深感做茶的艰辛，对茶叶更有了一份特殊的感情。

因勤奋好学、不怕艰苦，胡招余的学习成绩一直不错。1956年，胡招余到位于蒋堂镇的金华一中就读，并于1959年考入了青海医学院医疗系本科。这在当时是一件让人自豪的事。然而，命运难料。由于种种原因，1961年，胡招余未能走上专业岗位，而是回到家乡北山鹿田村，当起了农民，并跟随大哥胡招福学习婺州举岩茶传统手工制作技艺，从此与茶结下了不解之缘。

20世纪80年代，土地承包到户，胡招余有4亩左右的茶林。受市场经济影响，许多村民打算开垦荒地种植高山蔬菜，甚至毁茶种菜。但胡招余一家坚决抵制，其原因是当地山高、云多、雾重、雨水也多，而且土壤肥沃，很适合婺州举岩茶树的生长。之前茶树大多生长在坡地或岩缝中，也有种在四周山冈斜坡上的，较为稀松，而且一些茶叶品种较为老旧，因此，他开始精心管理几亩茶园，不仅重新开垦荒地种上茶树，还扦插新品种。2000年，他种茶卖茶有了较好的回报，年收入可达六七千元。

让胡招余难以放弃种茶这个行当的原因还有一个，那就是"不想丢了老祖宗传下来的做茶手艺"。这还得从婺州举岩茶的历史传统制作技艺说起：举岩茶一般在清明后、谷雨前一芽一叶时采摘，其传统制作工艺大概有七个步骤。首先是将采摘回来的茶叶进行"挑拣"，取大小均等为宜；其次是"摊青"，将选好的茶叶摊放在圆形竹匾上晾晒，大约需要七八个小时；接下来最重要的就是炒茶了，也叫"杀青"——以前大都用土灶炒，现在则用了电锅——用大火炒，双手搅动茶叶，使其翻腾而不粘锅，时间控制在一刻钟左右；之后用揉捻槽将茶叶进行"揉捻"，然后再入锅继续炒一刻钟，直至茶叶基本软了，这叫做"二锅"；将茶叶"做坯整形"后，用装有木炭火的烘笼对其进行"烘焙"；最后就是"精选储存"，要用陶制的罐或缸储放茶叶，并置于阴凉通风处，才能保证茶叶的新鲜。

婺州举岩茶制作技艺传承代表人物——胡招余

每每说起这些步骤，胡招余都会忍不住一一拿起使用多年的制茶工具，一遍又一遍地示范着婺州举岩茶的炒制动作。看着他一丝不苟的样子，令人油然而生敬佩之情，也更加深刻地体会到书中对婺州举岩茶独特制作工艺的评述：在制作过程中，焙炒为关键工序，以焙为主，炒焙结合。为了让大家能够体验好品质的婺州举岩茶，胡招余还拿出了两种使用不同工艺制作的茶叶：一边是精挑细选，做过形状的；一边是茶叶形状较大且不规则的。而做过形状的茶叶，果然发现其特征如书中所描述：外形茶条紧结蟠曲，茸毫依稀可见，色泽银翠交辉。

谈到近年来的茶叶种植情况，令胡招余再发感慨。其原因是：虽然村里的大多数村民都种有茶树，一些青年也学做茶叶，但由于规模普遍偏小，且管理不善，婺州举岩茶的数量不多、质量不高。2006年4月7日，《金华日报》刊登了《千年名茶"婺州举岩"面临湮没——北山林场想给它找一个好婆家》的文章。经牵线，浙江采云间茶业有限公司与金华北山林场就"婺州举岩"商标转让事宜正式签约，并在鹿田村附近承租了面积300余亩的"采云间"婺州举岩茶基地。在中国农业科学院茶叶研究所、浙江大学、省农业厅、省茶叶产业协会、中国国际茶文化研究会等专家、教授的支持下，采云间茶业有限公司专门针对婺州举岩茶的制作技艺进行探讨，经过反复试制，终于在传统工艺的基础上，结合现代技术使婺州举岩新品得以投产面世。

如今，在婺州举岩原产地，与胡招余同辈的制茶人也就剩下四五个了，婺州举岩贡茶的传统手工制作技艺亟需加以保护和传承。经浙江采云间茶业有限公司调研发现，胡招余的家族到目前为止已有二百二十六年的手工制茶史，是婺州举岩茶传统制作技艺一支重要的传承脉络。因此，该公司从2006年开始为胡招余申报非物质文化遗产项目代表性传承人，现已陆续成功申报市级、省级乃至国家级非物质文化遗产项目代表性传承人。

现在，胡招余平时除了管好自己一亩左右的茶园外，还多了一项工作，收了一批徒弟。只要有空，胡招余就会到离家不远的婺州举岩茶场转转，和这里的工作人员交流传统的制茶技艺，共同实践、研究如何使婺州举岩茶能够在萃取传统工艺优势的同时，结合先进的现代化技术和机械，制作出工艺更加精良、口味更为纯正的"中华文化名茶"来。

第十八代传承人潘金土

潘金土，浙江武义人，1968年出生，香港财经大学硕士，国家高级评茶师，浙江采云间茶业有限公司董事长，兼任中国国际茶文化研究会婺州举岩研究中心副主任、金华茶文化研究会副主任、金华市婺城区茶产业协会副主任、婺城区茶文化研究会副主任等职。

1991年，潘金土辞去国有企业工作，在武义宣平承包经营茶园。1992年，创办武义宣平金山茶厂。1996年，率先开发中国第一种有机名茶"金山翠剑"，被誉为"中国有机茶第一人"。2000年，采云间茶园被联合国粮农组织授予全球唯一的"联合国有机绿茶生产与贸易示范基地"。2006年，在获知《金华日报》刊登《千年名茶"婺州举岩"面临湮没》的报道后，潘金土迅速组建工作小组，与婺州举岩茶商标拥有者——金华市北山林场进行接洽谈判，以保护历史名茶的强烈责任感和企业传承茶文化的雄心及公认的企业知名度、美誉度，最终获得了婺州举岩茶的经营权。通过注资和商标转让，使婺州举岩贡茶获得新生。2008年，婺州举岩茶成为世界上第一种被奥运会发源地希腊奥林匹亚博物馆永久珍藏的中国茶。同年，婺州举岩茶传统制作技艺经国务院批准列入国家级非物质文化遗产名录，潘金土先生成为该茶传统制作技艺的第十八代传人。

为了使这有着一千多年历史的名茶再放昨日光彩，采云间通过资源普查、民间走访，几上几下到市、省乃至国家图书馆查找史料，请专家、引大师，精心筹划，共同研讨，不仅通过探索古茶制造技艺成功恢复了这一历史名茶的生产，而且还积极进行了非物质文化遗产申报及相关保护工作。其中开展了古茶园及"二仙井"遗址保护工作，以凸显婺州举岩贡茶与黄大仙道教文化相结合所表现出的"仙茶一味、道茶一体"文化特色，并将之纳入茶文化旅游构想。一个企业，能对一个面临濒危的茶品牌，付出大量的人力物力，通过对茶文化的一系列深度挖掘和推广，使之破茧重生，焕发更强的生命力，这和采云间及潘金土董事长对婺州举岩茶所付出的心血是分不开的。

潘金土所做的事与众不同，并卓有成效。2008年6月14日，《国务院关于公布第二批国家级非物质文化遗产名录和第一批国家级非物质文化遗产扩展项目名录的通知》正式公布，婺州举岩茶传统制作技艺成功列入名录。国际茶叶委员会官员佩雷斯专门来信对婺州举岩茶列入国家级"非遗"表示祝贺，他说："中国是茶叶的发源地和世界上最大的茶叶生产国之一，茶叶品类繁多，其中不乏佼佼者，但能够荣登国家级非物质文化遗产的茶品却寥寥无几。"中国国际茶文化研究会在贺信中表示：婺州举岩茶制作技艺成功申报国家级"非遗"，标志着婺州举岩茶的历史价值得到了国家和业内外人士的广泛认可，这是中国茶叶界为数不多的殊荣。

采云间在"婺州举岩茶制作技艺"列入国家级非物质文化遗产名录后，首先做的事就是保护其传承人。于是他们对婺州举岩茶传统手工制作第十七代传承人胡招余师傅进行了走访和多方面了解，开展了国家级非物质文化遗产代表性传承人的申报工作。

文化是可以传播和留存的。这几年来，在企业发展的同时，潘金土时时不忘茶与文化的结合，做茶文化文章，通过茶文化的传播，提升金华茶叶的知名度和美誉度，让金华名茶走出国门，走向世界。

编撰婺州举岩茶相关书籍。采云间茶业通过邀请金华市比较有影响力的民间作家,组建了举岩贡茶写作班子,针对举岩贡茶的传说、历史、故事、文化等相关内容,将编撰一本约二十万字的书籍《千年贡茶——婺州举岩》,以出版方式记录举岩贡茶的茶史、文化及发展模式,有效地推动举岩贡茶文化的传播。

与金华茶文化研究会、金华日报社合作,举办"采云间婺州举岩杯·茶故事"征文活动。征文活动引起读者热烈反响,除了本地读者踊跃投稿外,还吸引了来自上海、安徽、江苏、福建、江西等地读者的参与。众多的来稿题材各异,作者通过本人或者家人、朋友等与茶的种种故事,向读者展示了一幅幅由茶而引发的或温馨甜蜜或苦涩酸楚或情深意长的生活画面。特别是一些有关婺州举岩茶的历史故事,让读者对这一已被列入国家级非物质文化遗产名录的唐朝时期的贡茶有了更多的了解。这些征文,从不同角度展示了在中国这一茶文化发源地,人们悠久的饮茶史以及茶在人们生活中的特殊地位;体现了茶所具有的"生活的享受,健康的良药,友谊的纽带,文明的象征"等特质;达到了挖掘茶文化内涵,丰富茶文化内容,提升和推广金华市茶品牌,造福种茶人和饮茶人的目的。

2008年3月22日,北京奥运圣火采集前夕,由浙江大学二十六位企业家校友组建的"2008迎奥运奥林匹亚文化之旅"代表团,

向奥林匹亚博物馆赠送了婺州举岩贡茶，被奥林匹亚博物馆永久
收藏，这是中国第一种被永久收藏在奥运会发源地的历史名茶。在
中希友谊之旅活动中，采云间茶业公司总经理郑健美参加了中国
志愿者义务植树活动，为奥林匹亚市栽植了五十六棵象征和平和
友谊的橄榄树。在此期间，身为国家高级茶艺师的郑健美作为交
流会的第一个节目表演者，为参会者表演了婺州举岩茶茶艺，令希
腊人民大开眼界。

　　同年5月，在时任俄罗斯总统梅德韦杰夫访华之际，经外交部、
商务部核准，相关部门向梅德韦杰夫总统赠送了一批国礼茶，其中

国家高级茶艺师、采云间公司总经理郑健美为希腊人民表演茶艺

婺州举岩贡茶作为绿茶类代表入选国礼茶之列。

2010年，婺州举岩茶在荣获"上海特色茶"称号之后，紧接着又顺利入驻世博会，采云间也成为上海世博会上独辟场地并以企业命名的茶企。采云间茶园位于世博园中国馆附近，在世博园的中轴线上，占地300多平方米。据了解，采云间茶园将作为世博园中茶企供销与茶商采购的总部，为世博会提供茶叶销售和茶文化展示等服务。世博会期间，采云间世博茶园向国内外名茶企业发出"抱团采云间，聚力走世博"的邀请，并得到了积极的响应，已汇集了印度、日本、韩国及国内普洱茶、铁观音、举岩贡茶等名茶的入驻。同时，在世博会开幕期间，采云间世博茶园内还安排了富有中国韵味的婺州举岩茶茶艺表演，成为展示中国茶文化的重要平台。

2010年3月15日，在第二十七个"国际消费者权益日"来临之际，采云间作为"3·15"消费者维权日活动的协办方，大力倡导"茶为国饮，健康消费"的饮茶理念。在活动中，采云间茶园的姑娘们，为千余名观众朋友准备了精湛的茶艺表演节目，通过现场表演、宣讲等形式，在展现、传播中国茶文化博大精深的同时，不断向消费者推广饮茶的健康理念，树立了良好的企业对外形象。2010年5月，婺州举岩茶被中国国际茶文化研究会授予"中华文化名茶"称号。

2011年3月，潘金土邀请非物质文化研究专家，对婺州举岩茶的文史资料、保护现状、生态基地及传统制作技艺等方面进行深入调研后，编制了婺州举岩茶传统制作技艺"非遗"保护申报文本，并将通过浙江省文化厅向国家文化部非遗司提交预申报文本，这标志着婺州举岩茶有机会再次踏上新的征程。

借助婺州举岩茶列为"国家非遗"与"中华文化名茶"的契机，怀着"只有创新才能够超越顶点，才能够创造比过去更加辉煌的明天"的信念，潘金土带领着全体采云间人在超越过去的基础上不断探索，选拔一批制茶技术过硬的技师作为婺州举岩茶的传承者，邀请第十七代传承人胡招余师傅进行现场授技、讲解婺州举岩茶制作中的各项技艺，并且带领了一批传承人继续大力挖掘其历史文化底蕴，做好"婺州举岩"文化茶的延伸工作，不断扩大品牌影响力，让"婺州举岩"这张代表着金华这座中国历史文化名城的金名片面向中国、走向世界，释放出中华佳茗的芳香。

婺州举岩茶的认识和评价

独特的地质地貌和良好的生态环境是婺州举岩茶优异品质的保证，而精湛的制作技艺则是举岩茶品质提升的核心。

婺州举岩茶的认识和评价

[壹]婺州举岩茶品质评价

公元前六千多年，仰韶文化时期，已有茶树了。到公元前两千多年的神农时期，劳动人民发现野生茶树的鲜叶可解七十二毒，就人工加以培植。东晋常璩的《华阳国志·巴志》说，周武王联合巴蜀少数民族伐商纣时，巴蜀庭园中已有人工栽培的茶树，茶叶已被列为贡品。

茶叶作为贡品是经过加工的，如一般的中草药晒干收藏。鲜叶经过晒干，由于光热的作用，品质起了很大变化，如现时的白茶具有特别风味。中国制茶历史至少也有三千多年了。

从公元前两千多年的神农时期到唐代末期，公元960年，自野生茶树的鲜叶晒干到唐代的蒸青团茶，这段时间很长。自发现野生茶树一直到茶在唐代成为普遍饮料，其间经过很复杂的变革，开始时生煮羹饮，继而晒干收藏。到了三国魏时（220—264年）才制饼烘干，饮用时碾碎冲泡。

公元961年到1368年，是蒸青团茶到炒青散茶的过渡阶段。这个阶段自宋朝至元朝约经三百多年。先是由蒸青团茶改为蒸青散茶，后由蒸青散茶改进为炒青散茶。

从公元1368年至1700年前后，自明代到清代，这个阶段虽然也是三百多年，但发展很快。自炒青绿茶发展到各种茶类，花色齐全。

婺州举岩茶产自金华山（北山）双龙洞顶鹿田村附近。金华市旧为婺州治，金华北山一带，峰石奇异，巨岩耸立，岩石犹如仙人所举，因而此处所产之茶名曰"举岩茶"，也叫"金华举岩"，因其汤色如碧乳，古时称"婺州碧乳茶"。

婺州举岩茶源于秦汉，兴于唐宋，盛于明清。唐至五代时期为十大茗品，一直沿袭至清代道光年间为贡茶，追溯贡茶历史有一千余年，是中国贡茶历史最悠久的茶品之一。

婺州举岩茶曾经历一段变革演化过程。在宋、元年间，用蒸青方法制成团茶、饼茶，明代改蒸青为炒青，制成散茶，清道光年间仍有叶茶、芽茶进贡。历史变迁，婺州举岩茶的制作技艺在清末濒临失传。20世纪70年代，金华市地、县有关部门和科技人员根据历史记载，对举岩茶制作工艺进行挖掘，并以采制名优绿茶的要求，精心培植、采制，终于使这一古老名茶开始恢复生产，并于1979年至1981年连续三年被评为"浙江名茶"。1981年全国供销系统名茶评比会上，举岩、龙井、紫笋、莫干黄芽同被评为"浙江省四大名茶"。2008年6月，婺州举岩和西湖龙井作为绿茶传统制作技艺经国务院批准列入第二批国家级"非物质文化遗产"名录。

[贰]婺州举岩茶品质溯源

一、独特的地质地貌是形成婺州举岩茶优异品质的基础。

按照板块构造理论，地球是由地质板块组成，七大板块中有六大板块的缝合交接线，就在北纬30°附近，如印度洋板块和欧亚板块的相互挤压造成了青藏高原和喜马拉雅山，造就了黄山、庐山、张家界等千奇百态的地貌，也造就了有色金属和非金属矿的形成，其中磷、硒、锌等元素和土壤中的有机质对茶叶品质的形成有重要作用。婺州举岩茶产自北纬29°18′地区，这里有着富含特有营养元素的地质。中国的名优茶大多产自北纬30°左右：如浙江西湖龙井产自北纬30°15′地区，四川名山县蒙顶山茶产自北纬29°58′地区，安徽黄山毛峰产自北纬30°08′地区，六安瓜片产自北纬31°38′地区，祁门红茶产自北纬29°35′地区，江苏洞庭碧螺春产自北纬31°地区，湖南君山银针产自北纬29°15′地区。

二、适宜的气候条件是婺州举岩茶优异品质形成的关键。

1. 婺州举岩茶产自北纬29°18′地区，属于亚热带和温带的过渡地带。气候温和，降水丰沛，适宜茶树生长。

2. 因海拔高度，气候差异明显。婺州举岩茶产自海拔600～1200米的地带，年气温在13℃～16℃。海拔升高对茶叶香气的形成有利。

3. 纬度南移，气温增高，茶叶叶片增大，茶叶中内含物增加，如儿茶素、多酚类、氨基酸比例增大，反之降低。婺州举岩茶处在北纬

29°18′，气温适宜，酚氨比在10左右。

三、良好的生态环境是婺州举岩茶品质的保证。

婺州举岩茶所处的气候条件和复杂的地质变化，造就了丰富的生物种样——"生物基因库"，茶区中生物自身调节功能比较健全，同时进行合理培育，强化生物防治，大大减少或免除病虫害。

四、精湛的制作技艺是婺州举岩茶品质提升的核心。

婺州举岩茶经过标准的鲜叶采摘、拣草摊青、青锅、揉捻、二锅、做坯整形、烘焙、精选储存八道工序，且每道工艺夹杂着感官触摸的体验与经验累积的技艺，做成外形紧结、茸毫显露，泡之汤色嫩绿清亮，闻之香气持久，品之滋味鲜醇厚爽的绿茶精品。

五、到位的肥培管理是婺州举岩茶品质优化的举措。

土壤是茶树的立地之本，肥料是茶叶高产优质的物质基础。婺州举岩茶在培育管理上，注重肥培管理，禁止施用化学肥料，选择有机肥，重施基肥，每年秋冬季按每亩500千克施用菜籽饼肥，促使茶树高效吸收，提高土壤肥力，优化茶叶品质。

茶农施有机肥

[叁]相关文章及报道

白云之上有净土

白云之上有净土抬头观青天白日，举手弄云卷云舒。在群峦叠嶂的北山之巅，松风阵阵，竹影婆娑，湖水波光粼粼，茶园清香四溢，一派仙境般的景致，让人心旷神怡。远离了喧嚣，忘却了纷扰，这是一方白云之上的净土。

鹿田古村，傍依鹿田湖，坐落在山林中，青瓦红砖，在松林里隐约崭露，清风拂过湖水，一阵凉爽扑面而至。毗邻湖心的两座小岛上，人工茶园绵延成一条条青翠的绿带，一圈圈将小岛环绕。时值清明，春茶尚未采制，但清香却早已从茶树上蔓延开来，这便是有着千余年历史的贡茶"婺州举岩"。

白云之上有净土

朱元璋题字"婺州举岩"

在湖滩边上，我们看到了两座"举岩石"。传说当年朱元璋攻打婺州之时，久攻不克，因水土不服，军中眼疾肆虐，朱元璋心急如焚，遂向神仙祈求。一晚，有求必应的黄大仙托梦曰"欲医治眼疾，须得北山岩茶而解之"，并将此茶赐名"举眼茶"。翌日，朱元璋果然在湖滩巨岩旁发现茶树，遂采之制成茶送与将士，果然茶到病除。不日，朱元璋点将攻城，以托举岩石决选先锋大将，结果常遇春与胡大海二人举起了最大的两块岩石，遂被命为左右先锋。二人带军攻城，势如破竹，很快便攻下了婺州城。朱元璋登基后，仍念"举眼茶"之功，有感于举石决将之举，便将"举眼茶"更名为"举岩茶"，不仅亲笔题写了"婺州举岩"茶名，还将该茶列为皇宫贡茶。

时至今日，在露天湖畔已难觅当年大军的足迹，但那两块传说中的岩石，仍静静矗立在湖滩上，镌满了岁月的留痕。在举岩石旁，我们看到了一株株长于岩缝里的古茶树，其中一块岩石上，赫然题写着朱元璋亲笔挥毫的"婺州举岩"四个大字。

静立于石前缅怀之，耳边不觉响起了悠扬的钟声。抬眼望去，不远处一处道观巍峨矗立于山林中，那里，便是传说中为朱元璋托梦的黄大仙的祖宫了。拾级而入黄大仙祖宫，一路上香火不断，两侧钟楼鼓楼遥相呼应，在静静述说着一代又一代的故事。香客们满脸虔

北山茶园

诚，敬香叩头。祖宫内形容清秀的黄大仙道像，静坐于深宫云台上，俯瞰着这来来往往的芸芸众生。"道可道，非常道，无欲众妙之门；名可名，非常名，无名天地之始。"细细体悟着祖宫门前的对联，隐升一股飘然之意，仰观天外白雾茫茫，不由一阵心驰神往……

白云之上，净土一方，北山之巅，有我茶壤。身置古书院飞檐下，握壶持盏，冲泡些许举岩茶，千年茶香立时袅袅升腾，门前茶枝摇曳，耳畔暮鼓悠扬。微阖双目，心怀感恩——感恩造化的灵秀，感恩青冥的平和，不觉间，已难分究竟是身处仙境，还是在那北山之巅了。

北山茶香

金华的北山总是令人神往的。暮春三月，一路的好山好水，一路的桃红柳绿，让人心醉。

行至鹿田村，正巧赶上婺州举岩茶开锅炒茶。我们目睹那满满一锅碧绿的茶叶在温火里慢慢卷起，待蒸气散尽，再捞起放在竹匾里轻轻地揉，随之，一股令人心旷神怡的清香四处飘逸。炒茶师傅为我们沏上刚出炉的举岩茶，茶水清澈，沉静而悠然，稍后叶片舒展，润如碧乳。细细品味，淡雅甘芳，清澈甘醇，令人回味无穷。

采茶

举岩茶产于金华北山的鹿田村，这里山高泉醇，林木葱郁，土壤肥沃。"云暗雨来疑是夜，山深寒在不知春"，举岩茶生长环境的独特生态，非常有利于茶叶中芳香物质、氨基酸等成分的聚集，使得婺州举岩茶超凡脱俗，独步天下，明朝时列入贡品，绵延至清道光年间。

婺州举岩茶经过千百年来世代相传，精湛的制茶工艺形成独特的品质风味，积淀了千百年的茶文化。民间有不少关于婺州举岩茶的故事。相传多年以前，金华村十五岁的少年黄初平在山下牧羊时，感慨羊群被屠宰的命运，不胜烦忧。恰巧一道人经过，施展法力将羊群化为一片岩石。初平从此悟道，跟随道人入金华古洞内修行，以茯苓、岩边的茶叶、山泉充饥解渴，终以得道，被后人尊为黄大仙。古老的婺州，千年的传说，岩石旁这眼看似几近废弃的双眼古井，仿佛让你寻觅到当年黄大仙修行时的仙踪。供奉黄大仙的这方宝地，内栽茶树，四周更是茶海环绕。茶之于道，举岩茶仿佛扮演了道友的角色。透过这飘散在绿色山林中的幽香，却让我们品到了明清帝王们的杯中佳品。

茶水清香娴雅，能陶冶性情，明净心智，提升雅趣，让人乐以忘忧。婺州举岩茶的文化底蕴，让它表现出持久的生命力。炒茶、烘茶、揉茶工序，在历史的荡涤中已融入了当下的茶水之中，叶片凝重置底，显出的便是那醇厚的碧色。茶香回味间，历史悠悠已千年。

精心育"举岩" 有机认证一路"绿灯"

举岩贡茶的生长环境拥有得天独厚的自然生态条件。除此之外，人们还十分注重生态茶园的建设工作，在茶树修剪、培肥管理、防冻、病虫防治等各方面采取有效措施，从茶园到茶杯建立了质量安全可追溯体系。

茶树施肥全部选用优质的有机肥，禁止使用化学肥料和含有毒、有害物质的城市垃圾、污泥和其他物质。施加的有机肥有经过无公害化处理的堆肥、沤肥、厩肥、沼气肥、绿肥、饼肥及有机茶专用肥。在施肥前对各类肥料进行严格检查，使之必须符合有机肥的有关标准。

在举岩贡茶的加工技术方面，人们在传统手工工艺的基础上结合现代科技，用现代机械化替代传统手工制作，仍然保持传统婺州举岩茶嫩绿、汤乳、香高、味醇的特质，注重机械设备的选型、选择和加工过程的炒烘度及外形的美观度。

天然的生态条件、生态

茶园的有机化管理、传统与科技结合的独特制茶工艺,使得举岩贡茶品质极佳,在有机食品认证中一路"绿灯",连年来获得由中国农业科学院茶叶研究所颁发的有机食品认证书。

"婺州举岩"专题片在阳光卫视播出

2006年4月,"婺州举岩"专题片在金华双龙洞景区顺利开拍,紧接着又在香港阳光卫视隆重首播,为国内首部茶产业大型电视纪录片《茶旅天下》增添了浓墨重彩的一笔。而拥有千年贡茶历史的婺州举岩,以其悠远、文明而又独特的茶文化根基,和富有神奇色彩的典故传说,在专题片热播后更是备受各界推崇。

据了解,"婺州举岩"《茶旅天下》专题片,由中国茶叶流通协会、浙江省茶叶产业协会、中国国际茶文化研究会婺州举岩茶研究中心、采云间茶业及华人最具影响力的电视媒体香港阳光卫视联合拍摄。拍摄过程中,得到了中国茶叶流通协会会长刘环祥,中国茶叶流通协会秘书长吴锡端,浙江省委副秘书长、省农办主任王良仟,浙江省茶叶产业协会常务副会长沈璇以及金华市委常委、常务副市长劳红武等各界领导的大力指导与支持。

在2006年4月28日的开拍仪式上,相关人员就如何做好婺州举岩贡茶的宣传、品牌推广等工作进行了讨论。金华市副市长劳红武指出,婺州举岩贡茶拥有深厚的文化与物质根基,在五代十国时期的《茶谱》、宋代的《茶赋》、明代的《本草纲目》及近代《中国地方

志集成》等古书中均可找到关于婺州举岩茶的记载，在婺州举岩茶生长基地金华双龙洞景区一带，还找到了婺州举岩茶的古茶树。现在的婺州举岩茶是传统与现代工艺的结合，为今后的品牌开发奠定了坚实的基础。浙江林学院茶文化学院副院长姚国坤提出，婺州举岩茶的品牌推广关键要拟好健康标准与卫生标准，统一标准是开拓大市场的关键因素。

该片在整个拍摄过程中，由阳光卫视著名制片人陈坚武全程指导，采用了蒙太奇的拍摄手法，将举岩贡茶的史载、传说、典故、生态环境、制作技艺及甘醇芳香的品质淋漓尽致而又巧妙地展现出来，勾勒出一幅含有巨石、山水、云雾、道人及举岩茶的美丽画卷，这正如影像中所表现的那样："山林间采茶，涌泉井煮茶，道观人品茶，沉静而悠然，茶香回味间，历史已千年……""婺州举岩"《茶旅天下》专题片在阳光卫视播出后，非同凡响，吸引了浙江卫视、金华电视台等数家媒体的转播。这对弘扬中国茶文化、促进茶旅游、发展茶经济将起到积极的推进作用。

"举岩贡茶"原产地成为金华首批非物质文化遗产传承基地

2010年1月29日，金华市文化广电新闻出版局召开了"首批市级非物质文化遗产传承基地"获奖单位表彰大会。婺州举岩茶等五个国家级非物质文化遗产项目的十一家保护传承单位成为首批金华市非物质文化遗产传承基地。

根据《金华市非物质文化遗产传承基地命名办法》，经专家组对举岩贡茶原产地、工艺、品质等多项指标进行评审和实地察看，举岩贡茶从多家评审对象中脱颖而出，被确定为金华首批非物质文化遗产传承基地。

对于本次评选大会，金华市文化局专家表示，确立非物质文化遗产传承基地目的在于更好地保护和传承我市优秀的非物质文化遗产、推进非物质文化遗产保护工作。金华市非物质文化遗产传承基地实行动态管理，新基地每两年评选命名一次，今后将逐步建立更多的非物质文化遗产传承基地。

举岩贡茶被评为上海市特色茶

为推进上海市茶叶经营稳步发展，寻求经营的差异化与个性化，由上海市茶叶行业协会举办的"2010年创建'特色茶'评选活动"经过各类茗茶的激烈角逐，于2010年3月3日评选出上海市本年度的七种特色茶，受业界关注的千年举岩贡茶名列其中。

本次"特色茶"评选活动，旨在寻求逐步解决本市茶叶店铺长期"千店一面，百年一式"的旧貌，摆脱在茶叶店铺遍布大街小巷的现在，同质化竞争的局面，力求逐步摸索出源于传统、新于传统、吻合市场消费需求的茶叶店铺新模式，带动更多茶企逐步进入差异化经营，形成各自的经营特色，以满足不同消费阶层的需要。

举岩贡茶凭借色、香、味、形等明显优势，外加可追溯的贡茶历史文化底蕴,从百家茗茶中脱颖而出,经过上海茶协质量技术工作委员会及"特色茶"鉴别小组人员的审评,并依据"特色茶"审核标准,进行了统一性价比、指标保障等多环节的评判,顺利被评为上海市2010年度特色茶。目前,举岩贡茶借助上海产销联动平台,同时借助2010上海世博会,逐步走向国际市场。

婺州举岩茶进驻世博会

继婺州举岩获得"上海市特色茶"之后,2010年2月8日,婺州举

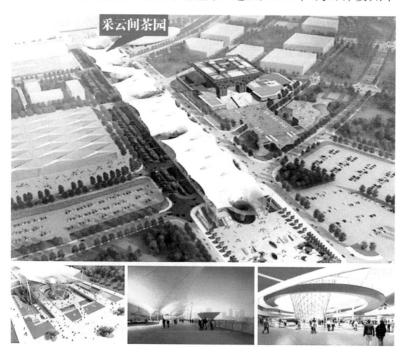

采云间茶园进驻世博园

岩茶借助采云间世博茶园率先获得了名茶进驻世博园的首张"通行证"。

经营婺州举岩的浙江采云间茶业有限公司,早在2009年下半年,就开始着手策划进驻世博会的计划。在经过项目申报、审核等一系列工作后,采云间通过了世博会组委会对其在环保、安检等方面的严格要求,引领婺州举岩茶进驻世博会。

据悉,"采云间世博茶园"是全世界唯一一家在世博会上独辟场地并以企业命名的茶园,整个茶园占地300多平方米,位于世博园中轴线的东北面,毗邻世博会中国馆,地理位置十分优越。

世博会期间,采云间茶园与印度、日本、韩国多国茶叶商签订合作协议。游客在这里可以品尝到来自世界各国的名优茶品,这里成为世界名茶文化展示、贸易销售、交流合作的大舞台。浙江茶叶协会副秘书长刁学刚对于采云间世博茶园很是看好,他表示这正是浙江省茶产业接轨上海市场、积极参与世博会的大平台,更是展示婺州举岩茶的绝佳机会。

俄罗斯茶协主席Ramaz赞"举岩贡茶,好喝"

2011年春节前夕,中国国际茶文化研究会婺州举岩研究中心副主任、金华茶文化研究会副主任、浙江采云间茶业有限公司董事长潘金土拜访了俄罗斯茶叶协会主席 Ramaz Chanturiya 先生,将具有婺州特色的举岩贡茶推荐给俄方。

潘金土与俄罗斯茶叶协会主席 Ramaz Chanturiya

　　拜访期间，潘金土向Ramaz介绍了金华茶产业的基本概况。茶叶是金华农业的支柱产业，全市现拥有茶园面积34万亩。早在唐代，产自于金华北山的婺州举岩茶就被选为贡茶，一直延续到清道光年间，可追溯贡茶历史一千多年。2008年，举岩贡茶被评为国家级非物质文化遗产，并以国礼茶身份，赠送给俄罗斯新任总统梅德韦杰夫，加深了中国与俄罗斯人民的友谊。

　　交流期间，潘金土详细地向Ramaz讲述了举岩贡茶的前世今生，而对举岩贡茶大名早有所耳闻的Ramaz，对举岩贡茶表现出浓厚的兴趣，迫不及待地让茶艺师帮他泡杯举岩贡茶喝，而喝到举岩贡茶的Ramaz表现得十分兴奋，竖起大拇指连连夸赞。

Ramaz表示，中国茶叶在俄罗斯充满机遇，并针对中国茶叶如何在俄罗斯扩大市场及增强贸易合作等问题，提出了宝贵建议和意见。潘金土代表中国国际茶文化研究会婺州举岩研究中心、金华茶文化研究会，诚邀Ramaz来金华考察茶叶市场，让国外客人进一步了解金华茶叶、了解中国茶文化。

《仙山雾水举岩茶》获创作奖

2011年1月23日，由中国国际茶文化研究会、中国茶叶学会和浙江省茶文化研究会共同主办的"2011迎春茶话会"在杭州隆重举行。浙江省政协主席乔传秀，浙江省人大常委会副主任程渭山，浙江省政协副主席黄旭明及金华婺城区委副书记、区长祝伦根，区委副书记张菲菲等参加了本次迎春会。会上，举行了金华婺城区获"中国茶文化之乡"称号和婺州举岩获"中华文化名茶"称号的颁奖仪式。

中国国际茶文化研究会、浙江省茶文化研究会会

文艺节目《仙山雾水举岩茶》

长周国富为迎春会致新春辞，他回顾了一年来中国茶文化发展的大好形势，提出了2011年的任务和奋斗目标，号召茶界同仁为振兴茶产业、复兴茶文化而共同努力。

迎春茶话会上，周国富会长向金华市婺城区授予了"中国茶文化之乡"荣誉牌，向千年贡茶"婺州举岩"授予了"中华文化名茶"荣誉牌。会上，还安排了精彩的文艺节目演出，其中由金华婺城区人民政府和采云间茶业联合编排的《仙山雾水举岩茶》歌伴舞文艺节目，把整个迎春会推向了高潮，并获得文艺节目的最佳创作奖。

迎春会汇聚了各界茶友，大家欢聚一堂，边品尝着"婺州举岩茶"，边观看着文娱节目，相互交流，气氛和谐，一起分享茶文化带来的浓浓春意。

《千年贡茶说举岩》首发

2011年4月16日，历时千百多个日夜编著完成的《千年贡茶说举岩》一书在金华"清茗酬知音"万人品茶大会上隆重首发，中国国际茶文化研究会副会长沈才土、浙江省农业厅副厅长冯一鹤等参加了本次首发仪式。该书的首发预示着拥有千年贡茶历史的婺州举岩茶，从茶山中走到了人们的书架上。

婺州举岩茶，又名举岩贡茶，最早出现在距今两千多年的秦汉时期，兴于唐宋、盛于明清。在唐代至五代十国时期，婺州举岩茶为十大茗品之一，一直沿袭至明清两朝为贡茶，是中国贡茶历史上最为久远的茶品之一，古今多部文献和书籍中均有记载。到清末时期，婺州举岩茶的制作技艺濒临失传，几经抢救才得以恢复。2006年后，浙江采云间茶业公司获得了"婺州举岩"的经营权，先后开展了婺州举岩的深度挖掘和保护工作，制定婺州举岩茶地方标准、保护举岩茶原产地遗址、编撰婺州举岩茶相关书籍等。时至今天，婺州被评选为国家级非物质文化遗产和中华文化名茶，而《千年贡茶说举岩》的发行，是对婺州举岩茶品牌文化的再次延伸。

据了解，《千年贡茶说举岩》由中国国际茶文化研究会婺州举岩研究中心、浙江老茶缘茶叶研究中心和金华茶文化研究会联合编辑而成。该书以千年贡茶婺州举岩的历史发展为主线，从传说中

《千年贡茶说举岩》首发仪式

的秦朝道教高人安期生抛杖栽茶树,到晋代黄大仙用举岩茶为苦难老百姓治疗眼疾;从晋代道人题诗作名举岩茶,到唐代走进宫廷成为有记载的最早贡茶;从朱元璋攻打婺州受阻用举岩茶救治士兵眼疾,到朱元璋称帝封赐"婺州举岩"贡茶;从清光绪年间鹿田书院的修复,到"书茶二绝"闻名于世;从金华鹿田村世代子民种植婺州举岩,到演变为婺州茶商靠举岩茶发家致富;从近现代婺州举岩制作工艺濒临失传,到今天"婺州举岩"品牌的再次铸造,等等。此书追溯一个个生动曲折的故事和美丽的传说,其中涉及婺州举岩贡茶的历史、文化、工艺、种植、茶艺表演等方面的知识,并辐射到社会、政治、经济、文化、艺术、医疗等领域,对研究中国茶文化的学者与专家有重要的参考价值。

另悉,该书总字数约25万余字,由浙江采云间茶业有限公司相关人员全面担任执行编辑,这在省内乃至全国尚属首次。该书堪称是一部融历史性、故事性、知识性和可读性于一炉的佳作,是我国新世纪茶文化艺术百花园中一朵绚丽多彩的奇葩。

举岩贡茶香四方　引得外国客人来

中国的茶文化博大精深,源远流长。在不少外国人眼里,中国茶更是最具特色的中国元素之一,也是了解中国文化的一个窗口。作为我市品牌茶的举岩贡茶,在自己茶园内迎来了一群闻着茶香而来的外国客人。

作为"2009中德之桥"国际学术交流活动中的重要一站,采云间茶园近日迎来了三十一名来自德国弗利德堡一级中学的师生朋友们。这群远道而来的德国朋友一来到采云间茶园就显得非常的雀跃,从古朴的茶室设计到典雅的茶具、传统的装饰和服装,这里的每一样物件都让外宾们充满了好奇,而悠扬的音乐声中茶艺师优雅的茶艺表演,更是让他们看得津津有味。

光看可不过瘾,眼前这位德国姑娘早已跃跃欲试了,在看完茶艺师的表演后也依样画葫芦地学起了茶艺表演,尽管这蹩脚的动作是漏洞百出,但那一脸认真的表情倒是有些茶艺师的味道了。看完茶艺表演,听完茶艺师关于婺州举岩茶的介绍,再来品尝一杯上等的绿茶,这番文雅精致的感受,着实让这群习惯了喝咖啡的西方朋友赞不绝口。德国弗利德堡一级中学校长说:"我们国家只能喝到中国的袋泡茶,像这样原生态的、完整嫩绿茶片几乎是看不到的,品之茶香四溢,回味无穷……"

近两年金华市茶叶出口连创新高,采云间茶业公司生产的举岩贡茶及双龙翠剑、金山翠剑等绿茶早已香飘四海,远销欧盟、北美、俄罗斯等三十余个国家和地区,成为金华向世界展示的一张金名片。此次中德国际学生交流活动特意安排的"观茶艺表演、品婺州茗茶"活动,旨在通过这样的安排向德国师生展示古婺茶文化的博大精深与独特魅力。

短短的几个小时很快就过去了，这群德国朋友还意犹未尽，有忙着拍照留影的，也有对精致的茶具爱不释手的，大伙都对这千年贡茶表现出了极大的兴趣。眼前这位德国学生临走之前还不忘给家人选了几包绿茶，他说回家后要用刚学到的茶艺给家人沏上一杯金华茶，把中国的气息带回家。

东南亚、南非商贸官员、专家调研婺州举岩茶园时表示："把有机茶开发技术带回家"

2011年7月11日，由中国进出口商会培训中心牵头的"亚非"发展中国家友谊之旅暨实业家研修课题——调研中国有机茶开发与发展活动在金华顺利开展。来自缅甸、黎巴嫩、越南、加纳、肯尼亚、

由中国进出口商会培训中心牵头的"亚非"发展中国家友谊之旅暨实业家研修课题——调研中国有机茶开发与发展活动在金华顺利开展。

利比里亚、苏丹、津巴布韦等三十六个国家（东南亚、南非地区）商贸行业的官员、专家来采云间调研有机茶基地建设及发展情况，金华市贸易促进委员会工作人员陪同考察。

考察团一行参观了婺州举岩茶基地及工厂，并听取了"如何作好有机绿茶的建设与发展"的专题汇报。据了解，早在1995年采云间就与中国茶叶研究所取得了合作，成为全国首家有机茶项目试点单位，被业内誉为"中国有机茶第一家"。采云间充分发挥了茶园的自然生态条件和领先的病虫害防治技术，培育和挖掘了婺州举岩、金山翠剑等一批有机名优茶，这些茶叶先后获得了由国家环保局（OFDC）、瑞士（IMO）、日本（JONA）、美国（NOP）等国内外专业机构颁发的

考察团一行合影留念

有机认证。

考察团通过实地考察、现场听取汇报、研讨交谈等方式，就下一步如何开展好有机茶生产与贸易合作进行了深入交流。来自肯尼亚全国商会的约翰·梅吉·基西由主任在研讨会上表示，肯尼亚虽是盛产红茶的王国，但很少听到"有机茶"的概念。他对中国有机茶的种植与生产变现出极大兴趣，回国后他最大的心愿是向政府部门汇报，开展有机茶讨论与发展会，并组织茶商来中国学习"有机茶"，把有机茶开发技术带回自己国家。

南非津巴布韦交通运输部的齐布鲁韦主任介绍，他们国家属于热带气候，地形以山脉、丘陵为主，饮料是国家的主要经济产业之一，茶是饮料加工的主要原料，因此他们对茶叶的需求十分旺盛。他表示，欢迎中国的茶企到他们国家投资，并期望与中国茶企建立茶叶贸易关系。

来自乌干达旅游主管部门的卡姆加沙主任说："我们国家喝茶都是加咖啡、加牛奶，十分简单，而这里的茶在冲泡时需要很多器具，还经过多道工序，喝起来的茶叶更是天然原味，一切都是很新鲜，很健康，值得我们学习。"

交流会后，在中国进出口商会培训中心、金华贸易促进委员会的牵头下，采云间与东南亚、南非等国家的相关人员一致认为：今后将加强对婺州举岩有机茶种植与生产的技术交流，把先进的有机茶生产技术传播到东南亚、南非，在更多的发展中国家推广有机茶。

婺州举岩扬名宝岛台湾

茶成了两岸携手发展的又一条红丝带。2011年10月，"2011海峡两岸茶文化产业论坛"在台湾新竹新瓦屋文化园区举行。台湾海峡两岸文化经贸科技观光发展协会理事长彭王信、台湾农改场副研究员陈俊良、新竹县县长邱镜淳、新竹县农业处长范国诠、新竹县农会总干事戴锦源、竹堑文教基金会董事罗际鸿和台湾当地茶企、茶人参加本次论坛，并进行了热烈交流。教育部茶学重点实验室学术委员会主任、农业部茶叶化学工程重点开放实验室学术委员会主任、浙江大学

2011年10月，"2011海峡两岸茶文化产业论坛"在台湾新竹新瓦屋文化园区举行

茶学系教授杨贤强和浙江采云间茶业有限公司常务副总经理王兴奎等国内茶学专家和茶企代表应邀与会,并作主题演讲。

为进一步促进大陆与台湾海峡两岸的茶文化交流,推动双方茶产业发展,主办方还举办了品茗推介、"东方美人茶"产区企业考察等活动。台湾包种茶、东方美人茶、台湾高山乌龙茶、台湾乌龙茶与浙江采云间加工生产的"千年贡茶·婺州举岩"引起了与会者的广泛兴趣。

据王兴奎介绍,婺州举岩产自浙江金华双龙国家4A级风景区、双龙洞国家级森林公园里的鹿田村一带,它源于秦汉,兴于唐宋,盛于明清,唐至五代时期为十大茗品之一,一直沿袭至清朝道光年间为贡茶,追溯贡茶历史已有一千余年。

时至近代,婺州举岩茶制作工艺濒临失传,为抢救这一千年名茶,采云间先后对婺州举岩开展了老茶园遗址保护、产品地方标准制定、茶文化延伸等一系列工作,才使得婺州举岩茶重放昨日光彩。2008年,婺州举岩茶制作技艺被列入国家级非物质文化遗产;同年,北京奥运会开幕之际,婺州举岩茶作为中国和希腊两国人民友谊的纽带,被奥林匹亚博物馆永久珍藏;2010年,婺州举岩茶成功进驻上海世博会;2011年,婺州举岩茶被中国国际茶文化研究会列入"中华文化名茶"。与会专家建议婺州举岩茶借助列入"国家级非遗"和获得"中华文化名茶"称号的契机,挖掘历史文化底蕴,扩大品牌影响力,尝试出口台湾,让台湾同胞分享中华名茶的悠悠茶香与无穷魅力。

会后,在海峡两岸茶文化产业论坛欢迎宴会上,台湾新竹县县长邱镜淳向采云间等大陆代表赠送台湾佳茗和手工制品,进一步加深了海峡两岸茶文化的交流。

婺州举岩茶保护与发展

随着时间的流逝，传统制作工艺濒临消失，对传统制茶工艺的完整记录工作已势在必行。「婺州举岩贡茶传统制作技艺」已于2008年入选为国家非物质文化遗产名录，取得阶段性成果。

婺州举岩茶保护与发展

[壹]濒危现状

1.婺州举岩茶原材料紧缺

婺州举岩茶地处金华北山一带,隶属双龙国家重点风景名胜区范围,又在双龙洞国家森林公园之列,原有的茶园面积极小且不断萎缩,尚不足100亩。由于受到国家级风景名胜区总体规划及保护地域的限制,无法垦林扩张茶园,使得种植面积逐渐减小,原材料非常紧缺。

2.商品经济对婺州举岩茶传统工艺的巨大冲击

随着人们商品意识的增强,利益驱动日趋明显。在北山盘前一带本可以利用荒地或以退耕还林的方式种植婺州举岩茶,传承传统工艺,但种植高山蔬菜产量高、效益好,当地农民为利所动,纷纷趋之若鹜,搁置了原有的茶园,甚至把茶园改建成蔬菜基地,荒废了传统制茶工艺。

3.人才匮乏

婺州举岩茶制作工艺是一项需要严谨态度、有着严格要求的传统工艺,同时也是一项既苦又累的体力劳动,季节性特别明显。

在职的技师大都年老体弱且文化程度低，高中以上学历的青年人都外出打工或找工作，以脱离农村，奔赴城市。现在农大毕业生，原本就数量少，而且现代人大多向往繁华的城市与良好的工作与生活环境，因此不愿意到山区来。婺州举岩茶制作工艺已面临后继无人的状况。

4.机械化生产成为时代的主流

随着时代发展与社会进步，机械化、自动化、清洁化、规模化、标准化程度越来越高，茶叶行业的机械化生产加工已成为普遍现象。原有的传统手工制茶已被先进的机械所替代而成为历史，所以传统的制茶技艺被逐步淡忘，甚至废弃，更谈不上技艺传承了。

[贰]保护现状

20世纪70年代起，有关单位曾对婺州举岩茶传统制作工艺进行挖掘、整理，重新恢复了生产，但由于条件所限，只有少量简单的文字记载，且出于工艺保密的需要，关键工艺皆是口头传授，没有什么文字记录。随着时间的流逝，传统制作工艺濒临消失，对传统制茶工艺的完整记录工作已势在必行。现将其保护现状描述如下：

2006年由《金华日报》报道的《千年名茶婺州举岩面临湮没》一文，告知人们这千年历史名茶面临濒危的境地，一石激起千层浪，引起了浙江省、金华市有关部门领导、茶产业及社会各界的高度关注。经过几代金华茶叶工作者的尽力抢救，婺州举岩茶传统制作工艺才得到恢复。

组建婺州举岩茶技艺保护项目组。2006年，浙江采云间茶业有限公司（以下简称"采云间"）通过商标转让和注资，取得了婺州举岩茶的经营权。采云间组建了婺州举岩茶技艺保护资料普查小组，通过资源普查、民间走访，几上几下到金华市、浙江省乃至国家级图书馆查找史料，请专家、引大师，精心筹划，共同研讨，对婺州举岩茶的文化、传承人及制作技艺等方面进行了深入普查。

制定婺州举岩茶保护政策。2007年，采云间组织相关专家学者进行调查研究，召开婺州举岩茶研讨会，成立中国国际茶文化研究会婺州举岩茶研究中心，为婺州举岩传统制作工艺申报省、国家非物质文化遗产保护项目，对婺州举岩古茶园遗址（古茶树、涌泉古井、举岩石及茶道文化）进行保护，对采用传统工艺制作婺州举岩茶的企业、农户及传承人给予保护与扶持。

注重婺州举岩茶原材料的保护。在原有原材料基地的基础上，进行整理修剪、改树、改土和改种，不断规范种植基地，使其规模化、标准化。同时将退耕部分进行规划，种植优质茶树，培育和扩大符合生长条件的婺州举岩茶原料基地。出台扶持婺州举岩茶种植的相关政策，鼓励农民种茶、制茶，参与合作共同管理，保证婺州举岩茶制作所需的优质原材料来源。

制定婺州举岩茶产品地方标准。采云间公司邀请中国农业科学院茶叶研究所的专家、省茶叶产业协会的专家、浙江大学茶学系的教授共同制定了婺州举岩贡茶的地方标准，内容包括茶叶的种植、加工、包装、销售等各个方面。以严格的地方标准，保护婺州举岩贡茶的商标、工艺、流通和文化，通过统一的标准，使婺州举岩茶符合国内外各类规范，提高婺州举岩茶的市场地位。

注重婺州举岩茶传统制作工艺传承人的保护与培养。举办婺州举岩茶传统制作高级技师、技师、高级技工、中级技工与初级技工培训班。建立婺州举岩传统制作工艺高级技师、技工以及评茶师、茶艺师认证制度，由认证机构考核并开展资格认证。

工艺研究保护。婺州举岩茶传统制作工艺全部采用手工，工作量及难度较大，劳动强度较高。采用现代科学技术和现代化设备，创新工艺流程，确保品质，减少工人的劳动强度，降低生产成本，是促进举岩茶产业发展的关键。2006年初，浙江采云间茶业有限公司与有关单位协作攻关两个科技课题项目："婺州举岩茶高海拔品种选植与培植"和"婺州举岩茶现代加工技术、设备与产业化示范"，并拟定新增婺州举岩茶生产基地和专业化生产线一条。

婺州举岩茶文化研究保护。近年来，中国国际茶文化研究会婺州举岩研究中心及浙江采云间茶业有限公司的传承技艺工作人员，不断发掘婺州举岩茶的历史文化内涵，研究制作工艺的创新和发展方向及民俗文化的演变与发展。同时，挖掘、整理举岩茶文化，茶食制作技艺, 编撰婺州举岩茶传说、大全等文化书籍。

今天的婺州举岩茶制作技艺"连升三级"。1979—1981年, 婺州举岩连续三年被评为浙江省名茶; 在1981年的全国供销系统名茶评比会上, 婺州举岩被列为浙江省四大名茶之首; 2007年, 婺州举岩成功列入浙江省级非物质文化遗产名录; 2008年6月, 国务院19号文件正式将婺州举岩茶传统制作技艺列入国家级非物质文化遗产名录; 在2008北京奥运开幕前夕, 婺州举岩作为中国和希腊友谊的象征, 被奥林匹亚博物馆永久珍藏; 2010年, 婺州举岩茶成功进驻上海世博会; 紧接着婺州举岩茶被中国国际茶文化研究会授予"中华文化名茶"称号。

目前, 采云间对婺州举岩贡茶传统手工制作第十七代传承人胡招余师傅进行了资料普查, 开展了国家级非物质文化遗产代表性传承人的申报工作。

[叁]传承计划

经过较长时间的抢救性保护和生产性保护, 婺州举岩贡茶传统制作技艺得到了较好的传承, 在当今时代的发展中焕发出活力。

"婺州举岩贡茶传统制作技艺"已于2008年列入国家非物质文化遗产名录, 取得阶段性成果, 今后对婺州举岩茶传统制作技艺的保护将从以下几点着手:

一、保护婺州举岩茶原材料。在原有原材料基地的基础上, 进行整理修剪、改树、改土和改种，不断规范种植基地，使其规模化、标准化。将退耕部分进行规划，种植优质茶树，培育和扩大符合生长条件的婺州举岩贡茶原料基地，同时加强对基地的综合管理。对基地实行长期保护的原则，落实婺州举岩贡茶基地长期保护和综合管理措施，防止茶地抛荒，利用冬季间隙清除杂草，整治周围环境，改善茶地基础设施建设和景观效果，改造低产茶园，更新茶品种，全力发展新茶园，达到丰产增收。落实茶叶质量安全追溯管理工作，实现产地追踪、生产过程和产品质量追溯的规范管理，使婺州举岩贡茶质量安全得到提升，品牌得到巩固，并获得和保持OTRDC有机茶认证。同时，出台扶持婺州举岩贡茶种植的相关政策，鼓励农民种茶、制茶，参与合作共同管理，保证婺州举岩贡茶制作所需的优质原材料来源。

二、保护与培养婺州举岩贡茶传统制作工艺传承人。由婺州举岩茶第十七代继承人胡招余授课，定期举办婺州举岩贡茶传统制作高级技师、技师、高级技工、中级技工与初级技工培训班。建立婺州举岩贡茶传统制作工艺高级技师、技工以及评茶师、茶艺师认证制度，由认证机构考核并开展资格认证。

三、开展婺州举岩贡茶工艺研究工作。婺州举岩贡茶传统制作工艺全部采用手工，工作量及难度较大，劳动强度较高。采用现代科学技术和现代化设备，创新工艺流程，可确保品质，减少工人的劳动强度,降低生产成本,是促进婺州举岩贡茶产业发展的关键。2006年初,浙江采云间茶业有限公司与有关单位协作攻关两个科技课题项目,分别为"婺州举岩贡茶高海拔品种选植与培植"和"婺州举岩贡茶现代加工技术、设备与产业化示范",主要研究内容为:分析鉴定婺州举岩贡茶的元素结构及特色营养素,研究婺州举岩贡茶在焙炒过程中的火温规律及其控制手段,研究婺州举岩贡茶在炒、烘过程中的色泽变化机理及控制手段,开发设计婺州举岩贡茶现代化标准生产的配套设施等,并计划建立1000亩以上的婺州举岩贡茶生产基地和专业化生产线一条。

四、开展婺州举岩贡茶文化研究工作。发掘婺州举岩贡茶的历史文化内涵,研究制作工艺的创新和发展方向及民俗文化的演变与发展。挖掘、整理婺州举岩贡茶饮食文化和茶食制作技艺,编撰婺州举岩茶传说、大全等相关书籍。

五、婺州举岩贡茶传统制作技艺的传承与保护还有待于加强。

(一)加强宣传引导,形成保护共识。实施婺州举岩贡茶传统制作技艺保护与传承工程,引导茶农从政治、经济、文化、社会的综合角度认清其价值所在,形成政府、企业、茶农共同保护与传承婺州举岩贡茶传统制作技艺的大合唱。保持和传承婺州举岩贡茶的主要品质特征,加强宣传引导,形成保护共识。"非遗保护,人人参与",有关部门需联手运用多种途径,旗帜鲜明地宣传保护与传承婺州举岩贡茶传统制作技艺的重要意义和保护举措，在社会上形成良好的舆论导向。每年春茶开采前，印制保护婺州举岩贡茶传统制作技艺的宣传资料，进行广泛宣传，使手工炒茶技艺的工艺特征、文化内涵和保护意义家喻户晓、人所共知，切实增强保护主体对保护炒茶技艺的责任感和自觉性。每年春茶开采前，可充分利用"婺州举岩贡茶制作技艺"入选为国家非物质文化遗产这一成果，进行广泛宣传，形成强大声势。

（二）投入专项资金。本着多方筹集、协力推进的原则，建议市政府建立婺州举岩贡茶传统制作技艺经费投入机制，地方安排必要的配套资金，用于组织炒茶大赛和表彰奖励、基地的基础建设等。只有跟进这些保障措施，才能使婺州举岩贡茶传统制作技艺传承与保护工作有条不紊地向前推进。

（三）注重对婺州举岩贡茶原产地的保护，只有护住了文化的根本，才能最大地体现品牌价值。一是落实婺州举岩贡茶基地保护工作所需的必要经费。建议市、区财政预算拨出一定数量的农业发展基金用于婺州举岩贡茶基地保护工作，进一步保护婺州举岩贡茶基地的数量，提高茶叶品质。二是进一步加强对婺州举岩贡茶的生产技术、防伪标识、质量监控以及市场管理等业务工作的领导。逐步形成产业链，最终赢得良好的保护与传承环境与发展空间。

回顾婺州举岩茶保护现状，尤其是2007至2011年以来，婺州举

岩在相关涉茶部门及传承技艺骨干人员的保护下重放千年风采，现
将婺州举岩茶未来五年的保护与传承计划简述如下：

2012年

1.完成婺州举岩及举岩商标四十五大类全注册。

2.编印婺州举岩宣传画册。

3.建立婺州举岩项目领导小组，为成立婺州举岩独立公司做准备。

4.建立婺州举岩独立网站。

2013年

1.出台婺州举岩茶地方标准。

2.建立婺州举岩茶原产地保护组织机构。

3.成立婺州举岩独立公司。

4.加大媒体的户外、促销、推广宣传。

2014年

1.继续吸收茶叶专业合作社婺州举岩茶社员，扩大婺州举岩茶
   种植基地面积。

2.为婺州举岩茶申报国家地理标志产品保护。

3.建立婺州举岩绿茶制作技艺传承人培育中心。

2015年

1.为婺州举岩茶申报人类非物质文化遗产。

2.搜集婺州举岩茶各种资料，建立婺州举岩茶博物馆。

2016年

1.制定婺州举岩茶区域发展布局。

2.推出婺州举岩茶文化旅游产品。

2017年

1.争取使婺州举岩茶通过HACCP体系认证。

2.研究和推广婺州举岩茶现代加工技术。

附录

婺州举岩茶大事记

1949—1955年，婺州举岩茶由金华县农特产公司经营管理。

1955—1978年，婺州举岩茶由罗店人民公社统一管理。

1979年，金华县农、商两部门茶叶科技工作者开始试验创制恢复婺州举岩茶。

1979—1981年，婺州举岩茶连续三年被评为浙江省名茶。

1981年，婺州举岩茶被评为浙江省一类名茶。

1981年，婺州举岩茶在全国供销系统名茶评比会上被列为浙江省四大名茶之首。

1984年，婺州举岩茶获"浙江省名茶"称号。

1989年5月，婺州举岩茶获浙江省第二届斗茶会二等奖。

1989年12月，婺州举岩茶获金华县政府科技进步三等奖。

1996年12月，苏洪生、邢建华撰写的《婺州举岩茶》一文在《中国茶叶加工》杂志发表。

1996年12月，苏洪生撰写的《婺州举岩》一文在《贵州茶叶》杂志发表。

1998年1月，苏洪生、邢建华撰写的《婺州举岩》一文入选上海科学技术出版社出版的《浙江名茶》一书。

1999年6月，婺州举岩获"浙江名茶"称号。

2000年6月，中国农业科学院茶叶研究所茶叶科技推广中心编写了《金华北山林场武平殿林区宜举岩茶情况考察报告》。

2001年，婺州举岩茶获第三届国际名茶银奖。

2002年，婺州举岩茶获中国名茶精品博览会金奖、中国绿色推荐产品金奖。

2006年

2月，《金华日报》刊登《千年名茶面临湮没　婺州举岩茶想找个好婆家》一文，并对濒临失传的婺州举岩茶及其制作工艺进行了全面报道；

4月，香港阳光卫视拍摄《茶旅天下——婺州举岩茶》纪录片；

6月28日，浙江采云间茶业有限公司与金华北山林场签订婺州举岩茶商标转让协议，婺州举岩茶正式由采云间公司经营管理；

12月，婺州举岩绿茶制作技艺成功申报金华市非物质文化遗产。

2007年

4月15日，中国国际茶文化研究会婺州举岩研究中心成立；

5月，成立婺州举岩贡茶技术研究小组，拟定婺州举岩贡茶原产地规划和保护工作；

6月，开展婺州举岩茶古茶园遗址（古茶树、古茶园、举岩石、涌泉古井、鹿田书院等）保护工作；

5-8月，婺州举岩制茶技艺保护工作人员多次到各级图书馆查找婺州举岩茶史料；

9月，申报婺州举岩绿茶制作技艺为国家级非物质文化遗产；

11月，编制婺州举岩茶文化游线路设想；

12月，婺州举岩绿茶制作技艺成功申报浙江省非物质文化遗产；

12月，在杭州召开第一次婺州举岩发展战略研讨会。

2008年

3月8日，婺州举岩研究中心联合《金华日报》举办"婺州举岩茶·茶故事"征集活动，为后期编辑《千年贡茶说举岩》一书搜集了大量的优秀作品；

3月22日，值北京奥运圣火采集前夕，婺州举岩贡茶作为中希两国人民友谊的见证，被奥林匹亚博物馆永久收藏，这是中国第一种永久被收藏在奥运会发源地的历史名茶；

4月，制定婺州举岩贡茶冲泡新技艺规范；

5月，值俄罗斯总统梅德韦杰夫访华之际，中国食品土畜进出口商会向梅德韦杰夫总统赠送了一批国礼茶，其中婺州举岩茶作为绿茶类代表入选国礼茶之列；

6月14日，《国务院关于公布第二批国家级非物质文化遗产名录和第一批国家级非物质文化遗产扩展项目名录的通知》正式公布，婺州举岩茶传统制作技艺和西湖龙井等其他四种绿茶制作技艺，同时被列入第二批国家级非物质文化遗产绿茶制作技艺项目名录；

10月，对婺州举岩茶传统手工制作第十七代传承人胡招余师傅进行了资料搜集和访谈，开展了国家级非物质文化遗产代表性传承人的申报工作；

10月，组建婺州举岩贡茶写作班子，并全面启动了《千年贡茶说举岩》一书的编撰工作；

11月，邀请中国农业科学院茶叶研究所的专家、省茶叶产业协会的专家、浙江大学茶学系的教授共同制定了婺州举岩茶的地方标准（草案）。

2009年

4月11日，召开第二次婺州举岩发展战略研讨会暨婺州举岩列入国家级非物质文化遗产的新闻发布会；

8月，婺州举岩贡茶技术小组成功研发出婺州举岩的秋茶系列（秋韵、秋香）；

12月28日，婺州举岩贡茶写作班子完成《千年贡茶说举岩》一书的杀青稿；

12月，制定婺州举岩贡茶十年战略发展规划；

12月，婺州举岩茶原产地荣获"金华市'非遗'传承基地保护单位"称号。

2010年

2月8日,婺州举岩贡茶成功进驻世博会,拿到了名优茶品首张进驻世博会的"通行证";

3月3日,婺州举岩贡茶获得"上海市特色茶"称号;

4月12日,发行《八婺茶文化·举岩贡茶特刊》;

5月14日,婺州举岩贡茶获得"中华文化名茶"称号;

5月28日,申报婺州举岩茶种植示范基地建设与加工技术应用项目,并入选金华市科技局成果转化项目;

11月,完成《千年贡茶说举岩》民间故事书籍的编撰工作;

12月8日,完成浙江省非物质文化遗产代表作丛书《婺州举岩茶制作技艺》一书的编写工作。

2011年

2月26日,开展婺州举岩国家级"星火计划"项目的申报工作;

3月5日,婺州举岩研究中心工作人员与浙江师范大学"非遗"项目成员一行,在北山举岩基地拍摄婺州举岩茶申报"人类非遗"专题片;

4月10日,《千年贡茶说举岩》一书在第四届金华"清茗酬知音"万人品茶大会上隆重首发;

9月9日,婺州举岩研究中心工作人员在金华市人民广场开展新金华人中秋赏月联欢会暨茶文化宣传、普及活动。

10月4日至7日,婺州举岩研究中心工作人员赴台湾参加2011海

峡两岸茶文化产业论坛,其间,向二百余名参会代表推介了婺州举岩茶;

11月3日,由埃塞俄比亚、加纳、肯尼亚、喀麦隆、津巴布韦等十五个国家的二十四位传媒高级从业人员组成的"非洲智库研修班"来婺州举岩基地考察中国茶文化;

11月4日,婺州举岩研究中心成功注册了四个"婺州举岩"(即www.juyancha.com、www.juyantea.com、www.juyangongcha.com、www.wuzhoujuyan.com)的网站域名。

名人题词、作画

千年贡茶
婺州举岩

己丑年秋

杨汝岱

饮茶成仙

题碧州举岩茶

王襄

千年贡茶
婺州举岩

九楼李锐

举岩佳
茗养心
益思

乙丑年秋月

茶为国饮

举岩为优

二〇〇九年八月

薛驹

茶为国饮
举岩为优

九十二岁

王家扬

夔州砻岩

刘枫书

弘扬砻岩文化，传承千年茶。

刘枫

二〇〇九年十月

举岩绿茶茶中精品

己丑金秋
梁承波书

己丑年秋日
何虎书

學嚴綠茶
茶中精品

攀茗貢茶

采雲冒

李金旺题

婺州举岩 名冠天下

肖峰

楚州蜑者，绝世皆佳者

乙丑秋刘江书于杭州

举岩仙茗

举岩贡茗于载佳茗

主要参考文献

1. 方以智 《通雅》 宝慈轩藏版 康熙丙午年

2. 王文儒编辑 《说库》第三十七册 上海文明书局 民国四年

3. 王懋德、陆凤仪等编 《金华府志》 成交出版社

4. 胡宗懋辑刻 《续金华丛书》 光绪二十一年

5. 《中国地方志集成·道光婺志粹》 江苏古籍出版社

6. 李时珍 《本草纲目》 人民卫生出版社 2004年

7. 吴觉农 《茶经述评》 农业出版社 1987年

8. 陈宗懋主编 《中国茶经》 上海文化出版社 1991年

9. 施海根主编 《中国名茶图谱》 上海文化出版社 1994年

10. 阮浩耕主编 《中国名茶品鉴》 山东科学技术出版社 2001年

11. 郑培凯、朱自振主编 《中国历代茶书汇编》 商务书馆（香港） 2007年

12. 《浙江省茶叶志》编纂委员会　《浙江省茶叶志》　浙江人民出版社　2005年

13. 程启坤　《中国绿茶》　广东旅游出版社　2005年

14. 朱永兴、王岳飞等编著　《茶医学研究》　浙江大学出版社　2005年

15. 巩志　《中国贡茶》　浙江摄影出版社　2003年

16. 《双龙风景名胜区志》编委会　《双龙风景名胜区志》　上海人民出版社　2003年

17. 中国茶叶博物馆《中国名茶图典》　浙江摄影出版社　2008年

18. 姚国坤　《图说浙江茶文化》　西泠印社出版社　2007年

后 记

　　浙江省非物质文化遗产代表作丛书之一《婺州举岩茶制作技艺》的编写绝非偶然。2006年，由《金华日报》报道的《千年名茶婺州举岩面临湮没》一文，告知人们这一千年贡茶制作技艺面临濒危的境地，此事引起了浙江省、金华市相关部门领导、茶产业等社会各界人士的高度关注。当年浙江采云间茶业有限公司以商标转让和注资形式，获得了婺州举岩茶的经营权，之后在各级部门领导和各界人士的大力支持下，组建了婺州举岩茶制作技艺保护项目组，专家们几上几下到金华市、浙江省乃至国家级图书馆搜集整理了关于婺州举岩茶制作技艺的重要史料，对流传在民间拥有千年贡茶史的婺州举岩茶制作技艺进行了一次全面的挖掘和保护工作。本书的编写是对这一千年贡茶制作技艺的再次保护，也是对这一中华文化名茶精髓的再次延续。本书以图文并茂的编排手法，来弘扬和传播中华茶文化的博大精深，这对提高中华茶文化的认知度、促进茶产业健康发展起着积极作用。

　　值此付印之际，我们没有忘记，在整个成书过程中始终给予我们热情关怀和支持的各级领导、各界人士和广大群众。感谢国际茶叶委员会官员佩雷斯,国家工程院院士、国际茶叶协会副主席陈宗懋等专家学者的大力指导;感谢原全国政协副主席杨汝岱,感谢著名作家、原国家文化部部长王蒙,感谢原中共中央委员、原中共中央组织部常务副部长、原毛泽东秘书李锐,感谢原全国人大常委、原中国人民武装警察部队政委、上将徐永清,感谢原中共中央委员、原浙江省委书记薛驹,感谢原浙江省政协主席、原中国国际茶文化研究会会长王家扬,原浙江省政协主席、原中国国际茶文化研究会会长刘枫,感谢浙江省政协主席、中国国际茶文化研究会会长周国富,感谢原中共浙江省委副书记、原省政协常务副主席梁平波等领导都热情地为本书题词,使该书锦上添花。感谢专家祝汉明认真审读书稿并提出修改意见。在此一并致以衷心的感谢和敬意。

由于时间仓促和水平有限,本书如有不足之处,敬请各界专家、学者和广大读者给予批评指正。编委会将一如既往地以传承和弘扬中国茶文化为己任,更加积极地投身到婺州举岩这一非物质文化名茶的挖掘、整理和研究工作中去,将这一千年贡茶的民间制作技艺发扬光大,传之久远。

责任编辑：方　妍

装帧设计：任惠安

责任校对：朱晓波

责任印制：朱圣学

装帧顾问：张　望

图书在版编目（ＣＩＰ）数据

婺州举岩茶制作技艺／王兴奎编著. — 杭州：浙
江摄影出版社，2014.1（2023.1重印）
（浙江省非物质文化遗产代表作丛书／金兴盛主编）
ISBN 978－7－5514－0495－2

Ⅰ.①婺… Ⅱ.①王… Ⅲ.①制茶工艺—金华市
Ⅳ.①TS272.4

中国版本图书馆CIP数据核字（2013）第280546号

婺州举岩茶制作技艺
王兴奎　编著

全国百佳图书出版单位
浙江摄影出版社出版发行
　　地址：杭州市体育场路347号
　　邮编：310006
　　网址：www.photo.zjcb.com
经销：全国新华书店
制版：浙江新华图文制作有限公司
印刷：廊坊市印艺阁数字科技有限公司
开本：960mm×1270mm　1/32
印张：5
2014年1月第1版　　2023年1月第2次印刷
ISBN 978－7－5514－0495－2
定价：40.00元